V 7^{20}

6089.

GLI
ARTIFICIOSI,
E CVRIOSI MOTI
SPIRITALI DI HERONE.

Tradotti da M. Gio: Battista Aleotti

D' ARGENTA.

Aggiontoui dal medesimo Quattro Theoremi non men
belli, & curiosi de gli altri.

*Et il modo con che si fà artificiosamente salire vn Canale d' Acqua
viua, ò morta, in cima d' ogn' alta Torre.*

IN BOLOGNA, M DC XL VII.

Per Carlo Zenero.   *Con licenza de' Superiori.*

Ad Instanza di Andrea Salmincio.

ALL' ILLVSTRISSIMO,

Et Eccellentissimo Sig.

IL SIG. D. SCIPIONE

G O N Z A G A

Duca di Sabioneta, e Principe di Bozolo.

Nhelaua, hà gran tempo, la mia diuotiss. seruitù di presentarsi à V. E. con qualche offerta proportionata à i meriti di Lei, e non affatto ineguale alle conditioni del mio profondissimo ossequio. Finalmente è capitata alle mie stampe vn' Opera, che per la fama dell' Autore, e per gl' ingegnosi ri-

a 2   tro-

trouamenti della fua arte, è creduta degna di ricourarfi nelle mani d' vn Prencipe qualificato, qual' è l'E. V. Ella è benemerita delle Virtù non tanto per gli habiti del fuo nobile Intelletto, quanto per le memorie della fua gloriofifsima Cafa, ammirata in tutt' i tempi per fplédore delle buone lettere, e per Nume tutelare de' letterati; che però non era à mio credere luogo più proprio da collocarui quefte induftriofe fatiche di Herone così dottamente illuftrate dall' altrui penna, e migliorate in quefta nuoua editione, che fotto al patrocinio di V. E.; il cui degnifsimo Nome folo mancaua à dar gli eftremi titoli di perfettione al Volume, ch' io le prefento. Supplico humilifsimamente V. E. à gradire la mia elettione regolata dalle publiche notitie, da cui s'apprende, che molt' opere delle migliori penne de gli andati fecoli hanno hauuto à fomma fortuna l' appoggiar i lor voli alla fublimità del-

l'Aqui-

l' Aquile Gonzaghe, che hanno sempre
sormontato le più alte sfere della Gloria,
e somministrato non à Gioue i Folgori,
arme delle celesti vendette, ma à Palla-
de innocenti splendori d'immortalità.
Con che fine à V. E. profondamente in-
chinandomi, prego Dio, che le renda
propitio il fine d'ogni suo giustissimo de-
siderio.

Di Bologna li 22. Luglio 1647.

Di V. E. Illustrissima

Humiliss. e diuotiss. ser.

Carlo Zenero.

PROEMIO.

IL Trattato delli Spiritali fù da' Filofofi, e da' Mecanici Antichi giudicato degno di grandiffimo ftudio, e particolarmente da quelli, che della ragione, e della forza di quefta facoltà trattorno; e da quegli ancora, che le fenfibili loro attioni confiderarono; onde principalmente habbiamo giudicato effer neceffario;(volendo di quefta facoltà trattare)ordinatamente raccogliere tutto quello, che da effi Antichi fù fopra di ciò lafciato;& anco efponere(con ogni miglior maniera quanto da noi è ftato ritrouato:acciò, che quelli, che vorranno dar opera alle Matematiche da effe fiano quanto è poffibile) aiutati: Oltre di ciò,confiderando noi quefto Trattato effere confentaneo a quello, che da gli Horofcopij Acquatici, defcriueffimo già in quattro Libri: habbiamo fatto deliberatione di effo fcriuere. Imperoche per la congiuntione dell'aria,del fuoco, dell'acqua, e della terra, e di tre Elementi maffimamente, ouer forfe anco di tutti quattro,e dal mefchiarfi infieme fono prodotte varie difpofitioni, alcune delle quali all' vfo, & al viuer humano fono neceffarijffime, & alcun' altre vna certa ammiratione piena d'indicibile ftupore ci apportano. Ma prima ch'entriamo in ciò, che di dire penfiamo, ci è neceffario difputar del vacuo.

Vidit Franciscus Ferrarius pro Eminentissimo, & Reuerendiss. D. Card. Ludouisio Archiepiscopo.

Vidit D. Andreas Cuttica Pœnit. Rector pro Eminentissimo, & Reuerendiss. Card. Archiepiscopo.

Imprimatur

Fr. Ioannes Baptista Spadius Magister pro Reuerendiss. P. Inquisit. Bonon.

TAVOLA
DE I THEOREMI.

✱

Della

steſſo canale cauarne ciaſcun di loro a compiacenza di chi elegge-
rà qualſi voglia anzi che ſe molti molte ſorte di vino vi porranno ,
potrà ciaſcuno hauere il ſuo proprio , e ſpecialmente tanto quanto di
ciaſcuno vi ſerà dentro poſto.　　　　　　　　　　　　　　　　　39

✳　z　　　　　　　Fa-

Se sopra vna base si darà vn vaso, che habbia non lungi dal fondo vn
   canale far che (infusaui dentro acqua) alle volte n'esca acqua pura,
   alle volte anco vino puro.   70

Da vn vaso pieno di vino cauarne per il canale alla misura che ci
   piacerà quanto, e quante volte ci parerà.   71

D'vn vaso, che vicino al fodo habbia vn canale sottoui vn vasetto minore, fuori del quale cauatone quanto vino ci piacerà, altretanto
   far che in esso vi si giunga per il canale del vaso grande.   72

Fabricare il tesoro con la ruota versatile di bronzo, che sogliono le gēti
   voltare nell'entrare ne i sacri Phani, e far che nel volger la porta di
   essa ruota, si volga vn'vccello, e ne canti vn'altro, e chiusa la porta,
   ò fermata aperta non più si volga, nè canti l'vccello.   73

Alcune siffoni poste in alcuni vasi esprimono l'acqua, fin che ò i vasi sono vuoti, ouero fin che la superficie dell'acqua giunge al pari della
   bocca delle siffoni: ma (se serà necessario) far che nel corso non più
   vrsino.   74

Acceso vn fuoco sopra vn'altare, far che girino intorno alcuni animali
   a guisa di balli: ma siano gli altari trasparenti, ò con vetri, ò sutti-
   lissimo osso puro.   75

Fabricare vna lucerna artifitiosa con oglio dentro, il quale mancan-
   doui vi se ne potrà aggiungere quanto ci piacerà senza vaso da
   oglio.   76

Fabricare il vaso da fuoco detto Miliario, e far per la bocca d'vn'animale soffiare ne i carboni, dal cui soffio arda il fuoco, e far anco, che
   l'acqua calda non esca fuori se prima non sarà nel Miliario post
   acqua fredda, la quale perche non così presto si meschia con la calda perciò non esprimerà acqua se prima l'acqua fredda non giungerà al fondo. E fare, che freddissima sia espressa.   77

S'adoperano anco li Miliarij con altro magistero fabricati per far sonar Trombe, e cantare vccelli artificiosamente.   80

Componere lo Instrumento Hidraulico.   81

Fabricare vn'Organo del quale le Trombe suonino, quando soffia il
                                                  vento

IL FINE.

DEL VACVO NEL LIBRO
DELLI SPIRITALI
Per l'intelligenza dell' Opera.

Olti vniuerſalmente diſſero anzi affermarono non eſſer luogo vacuo, altri per natura, niſſun coaceruato vacuo penſorno eſſere: ma eſſere mediante certe picciole parti diſſeminate nell'aria, nell'acqua, nel fuoco, e ne gli altri corpi, & a queſti è neceſſario di aſſentire. Ma di tutto ciò, che ſotto il ſenſo cade, e che manifeſto appare nelli ſeguenti ci sforZaremo di moſtrare, che coſi è non altrimenti. In eſſempio di che diciamo, che i Vaſi a molti, che più oltre non conſiderano, paiono vuoti, ma non ſono com'eſſi penſano vuoti nò; ma ripieni d'aria, e l'aria, come piace ai naturali è compoſto di piccioli, e leggieri corpi, per il più da noi non compreſſi, ne viſti; Imperoche ſe nel vaſo, che come habbiam detto, ci parrà vuoto, alcuno v'infonderà acqua, quanta acqua nel vaſo entrarà, tant'aria fuori ſe n'vſcirà; onde da queſto potrà ciaſcuno intendere ciò che di ſopra habbiam detto. E comprendere anco, che ſe alcuno pigliato il vaſo (che come diciamo ci parerà vuoto) lo demergerà rouerſcio nell'acqua tenendolo ſempre dritto, non è dubbio, che l'acqua in eſſo non entrarà, ancor che ſtia per forza tutto cacciato ſott' acqua: onde ci ſi ſchiariſſe, che eſſendo l'aria corpo non permetterà, che vi entri acqua; perche tutto il luogo, che è nel vaſo è d'aria ripieno: e queſto ſi vedrà cauatolo retto fuor dell'acqua: Imperoche drizzando in piedi la ſuperficie interiore di eſſo, trouaraſſi eſſer aſciutta, e pura com'era inanti, che nell'acqua foſſe demerſo; ma ſe come s'è detto ſtando il vaſo rouerſcio, e retto nell'acqua alcuno vi forarà nel fondo vn buco, l'acqua per la bocca di eſſo entrarà, e l'aria per detto buco ſe n'vſcirà. Onde dobbiamo giudicare, che l'aria è corpo il qual moſſo diuenta ſpirito, eſſendo che ſpirito altro non è, che aria moſſo; e ſe forato il vaſo nel fondo, e demerſo nell'acqua alcuno metterà ſopra del buco la mano ſenza dubbio ſentirà lo ſpirito, che fuori di eſſo vaſo ſe n'vſcirà, e queſto altro non è, ſe non aria cacciato dall'acqua, ne giudicar dobbiamo in queſti che ſono vacui vna certa coaceruata natura perſiſtere, ma eſſere ſecondo alcune picciole parti diſſeminate nell'aria, nell'acqua, e nelli altri corpi ſe per auentura alcuno non è però che creda in tutto priuo d'ogni vacuo eſſere il diamante ſolo, non potendoſi egli nè abruſciare, nè rompere, anzi che poſto ſu le incudini, e con grauiſſimi martelli percoſſo, tutto, & in eſſi incudini, e ne i martelli entra. Ne queſto ad eſſo attribuire ſi deue, perche per ſolida ſua natura di vacuo ſia priuo: ma per la continuata denſità, che è in eſſo; Imperoche eſſendo i piccioli corpi del fuoco più groſſi del vacuo, che è nel-

A

è nel-

è nella pietra, nel corpo di essa non entrano; ma si fermano nella superficie esteriore:
onde auuiene, che non penetrando àdentro in essi, ne anco v'inducono calidità, come
ne gli altri corpi auuiene: Ma li corpi dell'aria hanno frà di loro vna certa cohe-
rentia non in ogni parte però; ma per certi inframessi interualli, che vacui chiamaremo, come nell'arena, che è ne i luti. Il che si fà comprendere nell'animo, che a i corpi Acrei siano simili le picciole particelle dell'arene, e che l'aria inframessa frà le
particelle dell'arena sia simile a' vacui contenuti frà l'aria; il qual da violente forza sforzato conuien che (entrando ne i luoghi vacui) si condensi: Sforzati, e compres-
si quei corpi, e di essi violentata la natura: la quale (rimessa, e relasciata la forza,
che lo sforzaua) di nuouo conuien, che nel suo ordine ritorni per la natural contentio-
ne, che è frà i corpi naturali; come ne i ramenti delle corne, e nelle secche spongbe intrauiene, le quali compresse, se si rilasciano ritornando nel luogo di prima: piglian
di nuouo la istessa mole. Il simile intrauiene se da violente forza siranno d'insieme
distratte le picciol particelle nell'aria, e che per ciò il luogo vacuo si faccia maggiore fuor di sua natura, che esse di nuouo in se stesse ricorono; Imperoche per la subita
euacuatione conuiene, che i corpi di nuouo in se stessi, & a se medesimi ritornino non
ostante qual si voglia cosa, che li contrasti. Il che si vede se alcuno pigliato vn leg-
gierissimo vaso, e per la stretta bocca di esso, tiratone il fiato, ò l'aria, che v'è dentro
con la bocca indi subito rilasciatolo incontinente dalle labra di colui penderà detto
vaso, & il vacuo atraerà la carne, sforzandolo la natura di esso; Fin che si riempirà il luogo vuoto; il che chiarissimamente ci dimostra il luogo, che è nel corpo del
vaso essere totalmente stato vacuo. Ma questo ancora da quest'altra ragione è manifesto. Quei vasi, che voui Medici si chiamano, che si fanno di vetro con picciolissi-
ma bocca, quando altri gli vuole impire d'acqua succhiano per la bocca: l'aria indi subito li demergono nell'acqua: nella qual e rimosso dalla bocca, il ditto viene dal
vacuo tirata all'insù onde vedesi riempire il luogo vuoto, & essa acqua dà la forza
del vacuo violentata esser portata all'insù contro la natura sua, e ciò che da quante
di questi è chiaro, nen è certo alieno da quanto di sopra habbiam discorso essendo
certissimo, che leuatone il corpo non solo non si rilascia la grauità manifista: ma ne
vien tirata la giacente materia, per la rarità del corpo dalla istessa cagione; ma in
essi posto fuoco egli corrompe, & assottiglia l'aria da loro contenuto, non meno, che da
essi corpi vengono corrotti gli altri corpi, e trasmutati in più sutili sustanze, dico,
aria, acqua e terra, e che siano corrotti da esso è manifesto da gli arsciati, carboni, le
quali la istessa mole serbando, che di prima inanti la combustione hebbero; ò poco
minore sono però di grauezza molto minore, e quelle sostanze, che ne i corpi si cor-
rompono passano per sumo in sostanza ignea, acrea, e terrena; imperoche le parti più
sottili sono portate, come più leggieri nel luogo superiore oue è il fuoco sopra l'ar. a,
e sotto il cerebio della Luna, e quelle che sono vn poco più grosse nell'aria, e le più
graui insieme con quelle per alquanto si lieuano, ma non potendo in essa si marsi
per la continua sua grauità, di nuouo scendono nella parte inferiore, e si aggiungono
alla terra, e l'acqua anch'ella dal fuoco corrotta vien mutata in aria; in peroche
gli vapori, che da bolenti vasi si lieuano nient'altro, sono che sottigliationi d'humido,

do, che in aria passano:tal che è manifesto il fuoco dissoluere, e trasmutare ogni cosa
più grossa di lui, e che dalle esalationi, che dalla terra si fanno, sono trasmutati li
più grossi corpi in più sottili sostanze: Ne in altro modo le rugiade si lieuano in alto
se non se l'acqua, che è in terra viene dalla esalatione di essa estenuata, e questa esalatione vien prodotta da certa focosa sostanza del Sole, che è nelle viscere della terra, che quel luogo riscalda; e tanto maggiormente se egli è sulfureo ò bittuminoso, che
tale riscaldato per il più genera esalatione, e l'acque, che in terra si trouano, calde si
fanno per le medesime cagioni: la parte più sottile adunque della rugiada si trasmuta in aria, e la più grossa parte di lei violentata dalla forza della esalatione, si
lieua alquanto in alto, e per la conuersione del Sole raffredata di nuouo cade all'ingiù su la terra: Ma i venti nascono dalla vehemente esalatione dell'aria assotti-
gliati, e scacciati dal continuo moto, di essa; & il moto dell'aria non è egualmente
veloce, ma molto più veloce è nel principio presso la esalatione, e sempre và facendo-
si più tardo, & imbecile quanto più s'allontana dal luogo, onde si moue; come anco
intrauiene nelle cose graui che sono portate all'insù: Imperoche il suo moto, molto più
è veloce vicin al luogo, nel quale è la violenza, che le scaccia, e più tardo nella parte
superiore: perche dalla forza scacciante non vengono con la istessa forza accompagnate, che principiò di mouersi, e per questo ritornano di nuouo al suo luogo naturale,
di donde partirno; cioè nelle parti inferiori: che se egualmente veloce fossero sempre
dalla istessa forza scacciante accompagnate, non mai per certo cessarebbono: ma
a poco a poco cessando ella, cessar ancora si vede la velocità della cosa mossa: e l'acqua anch'ella si trasmuta in sostanza terrena, quando cauato in terra infondiamo
nel concauo luogo acqua, la quale, poco dopoi imbeuuta dalla terrena sostanza sua-
nisce, e con essa meschiandosi diuiene terra; ma se alcuno serà, che dica, che ella si
constringe, e che dalla terra beuuta non viene; ma euaporare, & esicarsi, ò per calidità del Sole, ò per altro: vedrassi veramente colui pigliare errore: Imperoche
l'istessa acqua infusa in vaso di vetro, ò di rame, ò d'altra materia densa, & esposta
al Sole, per gran spatio di tempo non si minuirà di essa se non picciola parte; onde si
vede, che l'acqua si trasmuta in sostanza terrena, e che la vischiosità per così dire, ò la mucilaggine della terra, e la trasmutatione dell'acqua in sostanza terrena,
si muta ancora la sottile in più grossa sostanza; come vediamo nelle estinte lucerne,
cui manchi l'oglio, la fiamma esser portata alquanto all'insù, e come scacciata
partirsi dal proprio luogo, & auiarsi al suo luogo supremo, che è sopra l'aria: ma su-
perata da i molti intermezi di essa; non viene portata nel destinato luogo; ma me-
schiata, e complicata da corpi aerei si conuerte in aria: & il simile si deue intendere di essa aria: imperoche se chiuso in alcun vaso non molto grande demergeremo
nell'acqua il vaso, e che dopo lo scopriamo, accio che l'acqua per la bocca di sopra
uia in esso entri. L'aria certamente fuor del vaso si partirà, ouero che superato dalla
molta quantità dell'acqua di nuouo si meschiara, e compliarassi in modo che diue-
rà acqua: Con il medesimo modo l'aria corrotto nelle cucurbitule, ò ventose, & as-
sottigliato dal fuoco se n'esce per la rarità del vaso, & reso vacuo il corpo; trahe a se
la circomposta materia sia di che qualità esser si voglia: Ma quando la cucurbita,

A 2 respi-

respirarà succedendo l'aria nell'enacuato luoco, non più tirarà la materia: e se vniuersalmente alcun dicesse niente del tutto esser vacuo, a dimostrare questo si potrebbono ritrouar molti argomenti, e forze con parole persuaderlo, essendo che nissuna sensibile dimostratione apportano; ma in quelle cose, che chiare appaiono, e che sotto il senso cagiono se il vacuo certo dimostraranno coaceruato, e fatto fuor di sua Natura, & essere in picciole parti disseminato, & essi corpi per compressione riempire li disseminati Vacui, a quelli, che di ciò s'affaticano adurre probabili ragioni, non è certo da porgere orecchia. Imperoche, fabbricata vna sfera la grossezza, della quale sia di lamina, acciò non facilmente si possa rompere: mà ben fatta, & d'ogni intorno serrata eccellentemente indi foratola, e nel buco impostaui vna canna di rame, che il luoco forato d'incontro secondo il diametro al buco oposto non serri; acciò possa discorrere l'acqua, e facendo della canna l'altra parte auanzi fuor' della sfera tre dita in circa; e che sia con stagno serrato l'ambito del forame, per il quale s'impone la canna, che allhora se chiuderemo essa canna, e l'estrinseca superficie della sfera; accioche volendo Noi con la bocca enfiarla lo spirito a modo nissuno possa vscirsene. Vedremo ciò che in essa si contiene, che non altro è certo, che l'aria esistente in essa nell'istesso modo che auuiene in quelli altri vasi, che voti si chiamano, li quali tutti ripieni, e per vna certa continuatione all'ambito loro applicati in essa finalmente nò vi potendo essere niuna sorte di vacuo, non vi si potrà imporre acqua, nè altr'aria; non partendosi quella prima, che dentro vi era anzi auerà, che facendo noi violenza per imporuene prima se romperà il vaso, che esso ne possa riceuere punto, per essere pieno, che ne anco i corpi dell'aria si possono contrahere in minor grandezze; e perche sarebbe necessario, che frà di loro si facessero certi interualli, ne' quali i corpi còpressi fossero di minor mole. Il che non è possibile; non essendo del tutto nissun vacuo: e quando secondo tutte le superficie i corpi si applicassero insieme, similmente nell'ambito del vaso violentati non possono ad altri corpi dar luoco, non essendo vacuo alcuno, e per questo a modo nissuno nella proposta sfera non potrassi mettere nissuno di quei corpi, che sono fuori di lei, se prima non partirassi alcuna parte dell'aria, prima in essa contenuta. Se però tutto il luoco constipato, e continuato serà, come si pensa. Ma se verrà alcuno per la bocca della canna a gonfiare la sfera v'introdurrà certo molto spirito, non partendosi però l'aria, ch'è in essa; il che con sempre così sia, manifestamente si dimostra, che nella sfera viene a farsi contrattione di quei corpi, che sono in essa implicati ne i vacui. Ma in questo la contrattione fassi per essere, in ciò la Natura violentata dalla violente immissione de lo spirito: se adunque per essa bocca soffiando, noi vi porremo la mano, e con il dito incontinente turaremo il buco, l'aria costipato sempre starà nella sfera: Ma se schiuderemo essa bocca, di nuouo errumperà, e fuggirassi l'aria immessoui con grandissimo strepito, e cridore. Imperoche come habbia proposto viene discacciato da dilatatione dell'aria presistente, fatta cò vn certo impeto: Di nuouo se alcuno vorrà attrahere cò la bocca per la cãna l'aria, ch'è nella proposta sfera grãdissima copia ne tirarà, nè però succederà nella sfera alcun'altra sostanza, come di sopra dell'Quo Medico si disse. Il perche chiaro si dimostra, che nel vacuo della sfera s'era fatto grandissima coaceruatione; imperoche

Peroche i corpi dell' aria, che nell' iſteſſo tempo vi ſi laſciano, non ponno diuenire maggiori: tãto che delli eſpulſi corpi riempiano il luoco; perche ſe ſi accreſceſſero non vi ſi aggiũgẽdo altra eſteriore ſoſtãza ſarebbe veriſimile, che queſto accreſcimẽto ſarebbeſi per rareſattione: ma queſta è implicatione per modo di euacuatione, e perche niſſun' vacuo ſi concede, non poſſono, nè anco accreſcere i corpi, che ne anco cõ la mẽte ſi può cõprẽdere il poteruiſi accreſcere altro augumẽto. Da che ſi fà chiaro per mezo i corpi dell' aria eſſere diſſeminati certi vacui, i quali ſopragionti da certa violenza, ſono sforzati fuor di natura a reclinare in vacui, onde l'aria ch' è chiuſa nel vaſo in acqua demerſo ſe ben viene ad eſſere molto premuto: quello però, che di ragione douuebbe violẽtarlo nõ è ſufficiẽte in queſto luoco, perche naturalmẽte l'acqua in ſe ſteſſa non hà nè grauità, ne vehemente cõpreſſione: come vediamo intrauenire a quelli, che nel profondo del Mare vrinano, li quali ſe ben hãno ſopra le ſpalle infinite, metrete, ò Amphore, dall' acqua nõ ſono sforzati altrimẽte reſpirare, ancor che nelle nare loro ſi cõprenda però picciola quãtità d'aria. Ma donde annenga, che quelli, che nuotano nel Mare, non vengano compreſſi dall' infinito peſo dell' acqua che hanno ſopra le ſpalle, e ſopra la viſta, e certo degno di conſideratione. Dicono alcuni ciò annenire, per eſſere l'acqua egualmente graue ſecondo ſe ſteſſa; ma queſti non dicono perche cagione quelli, che nuotano nel profondo non vengano dall' acqua ſuperiore compreſſi, che queſto certamente in queſto modo ſi deue dimoſtrare. Intendaſi eſſer alcun corpo egualmente graue, & egualmente humido, che l'iſteſſa forma, o figura habbia, che l'vmido ſuperiore, di cui la ſuperſitie di ſopra, ſia come del cõpreſſo, & intendiamo queſto da noi gettato nell'acqua, e ſia che la ſuperficie inferiore di eſſa ſi cõfaccia alla ſuperiore anzi pur ſia come ella medeſima, & ſimilmente pongaſi all' humido ſuperiore vguale, è chiariſſimo, che queſto corpo nell' acqua demerſo non ſopraſtarà a gala ſopra di eſſa, ne meno ſotto la ſuperficie dell' humido ſuperiore demergeraſſi, il che dottamente viene dimoſtrato d' Archimede nel libro di quei corpi egualmente graui, nel quale proua anco che l'humido nell'humido immerſo ne ſopra nuota all'humido, nè in eſſo ſi demerge. Vedeſi adunque, che i corpi ſottopoſti all'acqua non poſſono eſſer compreſſi dalla grauità di eſſa. Eſſendo, che ſi può dire, è come può eſſere compreſſo quel corpo cui conceſſo non è deſcendere nel luogo inferiore? E per queſta ragione l' humido doue era il corpo non potrà comprimere li ſottopoſti corpi. Imperoche quanto all'eſtremo, che appartiẽe alle ragioni di moto, e di quiete, non è differenza alcuna dal dẽtto corpo all'humido che l'iſteſſo luoco occupa; ma ſe alcuno intenderà non eſſer vacuò, non dandoſi, e non eſſendo, nè anco per l'acqua, nè per l'aria, nè per qualſiuoglia altro corpo potrebbe paſſare il lume, ò la calidità, ò qualſiuoglia altra potenza corporea. Imperoche, come paſſarebbono i raggi del Sole per l'acqua nel fondo del vaſo? Se l'acqua non haueſſe poroſita? eſſi raggi non hà dubbio con la violenza ſpezzarebbero l'acqua, onde auerrebbe, che i vaſi pieni ſuperfonderebbono. Il che far non veggiamo, e per queſto ſe l'acqua con la violenza loro rompeſſero, certamente ſi rõperebbono nella parte ſuperiore alcuni di loro; alcuni altri all'ingiù: caderebbono, ne ſi vedono percotendo le particelle dell'acqua rõperſi nel luoco ſuperiore. Ma che cadendo nell' acqua, e paſſando per le piccole particelle,

ticelle, se ne vanno nel fondo del vaso : il che chiaro ci sa comprendere, che nell'acqua sono vacui. Vedesi oltre di ciò il vino versato nell'acqua secondo l'effusione an-
darsene per essa : il che non auerebbe, se non fossero vacui nell'acqua; e li lumi vno
per l'altro sono portati; imperoche se accenderemo più lumi illustraranno maggiormente ogni cosa per il medesmo modo, passandosi, e penetrandosi l'vno per l'altro
scambieuolmente. Ma e per il rame, e per il ferro, e per tutti gli altri corpi sassi tal
penetratione nel modo apunto, che nella torpedine pesce marino auuiene. Ma perche
habbiam dimostrato fuor di natura esser vacuo amassato, e per il vaso leggieri oppo-
sto alla bocca, ò per l'Ouo medico, e parendoci esser molte le dimostrationi della natura del vacuo da noi esplicate, habbiam pensato hauer detto di ciò a bastanza, essendo che per sensibili demostrationi l'habbiam dimostrate. Ci sia dunque vniuersalmente lecito di dire, che ogni corpo è composto di leggieri, e piccoli corpi, ne' quali,
ò frà li quali sono piccoli vacui in particelle disseminati; e che ci abusiamo quando
diciamo niente trouarsi di vacuo, se violentato non è d'alcuna violenza; ma ogni
cosa esser piena, ò d'aria, ò d'acqua, ò d'alcun'altra sostanza, e quanto dell'vna di
queste manca, tanto ve n'è dell'altra, che riempe il luoco. Diciamo ancora niun
vacuo naturalmente coaceruato, ò amassato non essere se violentato d'alcuna violenza non è, & di nuouo nessun vacuo totalmente trouarsi se non fuor di natura. E
poiche questi habbiam esplicati, è tepo hormai di dar principio a descriuere i Theoremi, che si fanno mediante le battaglie de i sopradetti Elementi, imperoche per
mezo di questi si trouano varij, e marauigliosi moti, li quali prima considerati come Elementi, ragionaremo delle inflesse sissoni essendo elleno vtilissime a molte cose Spirituali.

AGGIVNTA
DELL'ALEOTTI

Intorno al non poter eſſere alcun vacuo, nè poter l'Elemento dell'Aria ſtar compreſſo.

N Conformità di quanto hà di ſopra detto Herone, vi ſi può giungere, che ſe pigliata vna bachetta d'Arcobugio in capo la quale ſia il ſuo raſcatore ben fatto, la cacciaremo in vna canna d'Arcobugio giuſtiſſimamente forata per dritta linea con ſoma eccellenza indi chiuſo di eſſa il fogone, ſe la tiraremo quaſi fuori, il che ci verrà fatto, con qualche diffi coltà contraſtandoci il vacuo, che reſterà nella parte da baſſo per non poter ſuccederui l'aria) ſe tiratola dico, quaſi fuori la rilaſciaremo, quel vacuo, perche non può eſſere ſe non per natura violentata tirerà (per ſubito riempirſi) in dietro con violenza detta bachetta; ſì come anco per proua, che non può l'Elemento dell'Aria ſtare ſe non nella qualità della ſua natura, e come lo creò Dio Onnipotente, ſe chiuſo eſſendo il fogone d'eſſa canna vi cacciaremo dentro la ſopradetta bachetta, che ſentiremo (perche l'Aria è corpo) che lo faremo con fatica, & ch'eſſ'Aria verrà ad amaſſarſi; e ſe cacciatola in giù quanto potremo la rilaſciaremo liberamente l'aria violentato, non potendo ſtar conſtipato, e rumperà, e con furore ſcaccierà la bachetta per ritornar ſubito (ceſſata la violenza) in ſua natura: onde ci ſi fà chiaro, che cacciandoui vna palla, ſtando chiuſo il fogone, l'aria conſtipato per ritornare in ſua natura la ſcaccia in violenza E ſe quella ci dimoſtrerà non poter eſſer vacuo, queſta ci farà chiari non poter queſto Elemento ſtare ſe non nel termine della ſua natura, come lo creò il ſuo Creatore.

Si proua inoltre non poter eſſer vacuo alcuno per quei vaſi di vetro di che ſogliono ſeruirſi le donne per iſcemarſi, & in parte euacuarſi

cuarſi le mamelle del latte, che dopo ch' han partorito frà il termine di due, ò tre giorni gli ſuole in tanta abbondanza ſopragiungere, che non euacuandole ancora a i banbini nati, cagionarebbono in ſe ſteſſe (non iſcemandoſi le mamelle) durezze, e mali grauiſſimi, queſti hanno com'è noto vn corpo nel quale è vn buco tanto gràde, che appoggiando il vaſo alla Mancella vi entra comodamente dentro il capitello di eſſa, & in altra parte hanno vn collo tanto longo, che lo pigliano in bocca, indi ſucchiatone l'Aria, ch'è nel vaſo ſuccede ſubito in luogo di eſſo il latte, ch'eſcie fuori della mamella: E per quelle ampolle, che eſſe adoprare anco ſogliono per detto effetto. Queſte pigliano vna ampolla di vetro con il collo tanto nella parte ſuperiore largo, che ſia capace del capitello della mamella, e riſcaldano con il fuoco di eſſa il corpo ben bene, fin che il caldo penetrando per li vacui la ſottigliezza del vetro ne ſcaccia l'Aria riempiendo il corpo dell'ampolla di ſottiliſſimo vapore, e quando è ben bene riſcaldato detto corpo ſubito ſi pongono la bocca del collo dell'ampolla alla mamella dentro imponendoui il capitello, e perche quel ſottil vapore igneo non può ſtar iui rinchiuſo ſe'n' eſcie fuori per quei vacui del vetro per li quali entrò, & per leuarſi in alto al ſuo luogo s'inuia: ſe ben dal circompoſto aria è traſmutato in ſoſtanza aerea, e perche per queſti meati, che ſottiliſſimi ſono non vi può entrar l'aria non potendo eſſer vacuo ſubito quel corpo, che non può ſtar voto tira da eſſa mamella il latte, & votando la viene a riempir ſe ſteſſo, e ripieno a fatto, non più tira, come anco ſe aperto in qualche parte ſi laſcia in eſſo entrar l'Aria.

I fuochi ſimilmente, che sù le bocche delle fornaci (nelle quali ſi cuocono le pietre, e la calcina, e i vaſi di terra) ſi accendono ſono tirati dentro da eſſe fornaci dal vacuo; Imperoche il vapor del fuoco ſcacciatone l'Aria, che v'è dètro ſuaniſce, & euapora in alto, & eſſendo sù la bocca della fornace il fuoco impediſce, che non vi può entrar l'Aria; ma perche non può eſſer vacuo ſuanendo il vapore, conuien che il fuoco riempia il corpo voto, che verrebbe a reſtar nella fornace, perche vſcendone il vapore è chiuſo l'adito all'Aria, nè potendo eſſer vacuo conuien, che vi ſucceda il fuoco: dalle qual coſe cònſta con quanta eccellenza habbia prouato Herone, il non concederſi vacuo del tutto ſe non violentato, e fuori di natura.

DELLI

DELLI SPIRITALI
DI HERONE.
Tradotti da M. Gio: Battista Aleotti
D'ARGENTA.

DEL CAVAR L' ACQVA PER LA VIA DI piegato Tubo, ò Canna. Theorema Primo.

Ia in vn vaso A. B. acqua la superficie della quale sia F. G. & in questo sia con vna gamba ficcata la piegata canna C.D.E. & sia nell'acqua la gamba C. H. la quale d'acqua conuerrà si riempia fino ad H. al pari della superficie F.G. e la parte H.D.I. sia piena d'aria. Dico, che se in I. faremo vn buco, e per esso cò la bocca tiraremo l'aria detto, che la seguirà l'humido cioè l'acqua; imperoche, come di sopra s'è detto, è chiaro, che luogo del tutto esser vacuo nò puote. Et a questo è da giungerui, che se il buco I. per il quale habbiam tirato l'aria serà in linea cò la superficie F.G. che la càna nò spargerà, ma l'acqua restarà fino a quel termine in modo, che di essa restarà piena la parte C.D.I. ancor, che còtro l'ordine di natura resti in alto sospesa a guisa di equilibrata bilàce, stàdo essa acqua in alto eleuata da H. a D. & in giù sospesa da D. ad I. Ma se il buco in capo alla càna in linea retta serà come in K. essa càna spargerà, e correrà fuori l'acqua; perche la parte D.K. esséndo più greue della parte D.H. vincerà, e tirarà questa, e fuori di esso canale scorrerà fin tanto, che la superficie dell'acqua, che tutta via scorrendo il canale calerà nel vaso serà giunta al pari del buco K. e quiui nò più scorren-

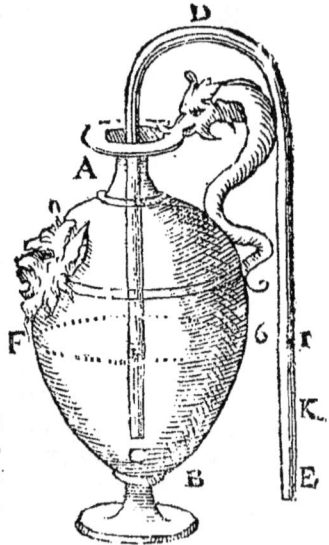

do.fermaraſſi per la medeſima ſudetta cagione:ma ſe faremo il buco in E.ſcorre
rà eſſa acqua fuori,fin tanto, che ſerà calata l'acqua nel vaſo, ſi che la ſuperficie
di eſſa ſia in pari alla bocca della canna C. e ſe fuori vorremo tirare tutta l'acqua
del vaſo caleremo la bocca C.fin nel fondo del vaſo, tanto però da eſſo lontano
quanto ci parerà, che per lo ſcorrere dell'acqua poſſa baſtare: la cagione perche
faccia queſto effetto la forata,e piegata cāna,dicono alcuni,che è perche la quan
tità dell'acqua che è nella gāba maggiore hà forza di attrahere, & in effetto tira
la minore;ma quanto ſia falſa queſta cauſa,& in quanto errore ſia chiunque ciò
crede,vegaſi da queſto.Sia fatta vna cāna, che la gamba interiore habbia,e lōga,
e ſottile,e la eſteriore più corta aſſai:ma più larga: acciò maggior quantità d'ac
qua capiſca,che la gamba longa,e ſia d'acqua ripiena,indi poſta la maggior in vn
vaſo d'acqua,ouero in alcun pozzo,che ſerà il medeſimo,che ſe la gāba eſteriore
faremo diſcorrere, eſſendo, che ella in ſe ſteſſa hà maggior copia d' acqua, che la
interiore,haurà queſta anco forza di attrahere l'acqua della maggiore, e cō eſſo
ſeco tirarà anco quella, che nel pozzo ſerà,e quādo diſcorrere cominciarà,la ca
uerà tutta, ò ſempre diſcorrerà; perche maggiore è la copia dell'acqua eſteriore
di quella, che è nella gāba interiore; ma, perche non appare onde ciò deriui, per
verace; Dunque non approuiamo la ſudetta cagione : ma vediamo la cauſa na
turale di queſto dicendo, che ogn'humido continuo , & fermo piglia ſuperficie
ſferica di cui il centro è lo iſteſſo della terra; ma non ſtando fermo tanto diſcor
re fin che in ſuperficie ſferica ſi riduce, come di ſopra s'è detto : Siano da noi
pigliati doi vaſi , & in ciaſcuno di eſſi ſia poſto acqua , riempiam' anco di acqua
la canna, e con le dita turiamo le bocche di eſſa l' vn capo ponendo in vno de
i predetti vaſi, ſi che nell'acqua ſi demerga , e ſimilmente poniam l'altra gamba
nell'altro, e ſerà tutta l'acqua fatta continua; imperoche l'acqua, che è in ambi
due i vaſi viene ad eſſer congiunta con quella , che è nella canna in modo, che
è tutta continua; ſe dunque le dette acque, che prima erano ne i vaſi ſeranno in
vna iſteſſa ſuperficie, fatte continue dalla piegata canna in eſſe demerſa quieta
ranno,e ſtaranno ferme; ma ſe di eſſe l'vna ſerà più baſſa dell'altra, perche l'ac
qua è fatta continua,conuien anco per queſta continuità,che la più alta diſcorra
nella più baſſa, fin tanto, che ò tutta l'acqua, che è ne i predetti vaſi ſia ad vna
iſteſſa ſuperficie ridotta , ouero fin che ſia vuoto l'vno de i detti vaſi ; ma ſe s'v
guaglino in vna iſteſſa ſuperficie: l'acque, che in queſti vaſi ſono, fermeraſſi,e l'
vna, e l'altra : ſi che anco l'acqua, che è nella canna ferma reſtarà: in modo, che
dato che l'vna gāba , e l'altra di eſſa ſia in cadauna di dette ſuperficie (poſto che
elle ſiano vguali) vgualmente demerſa,ſtarà ferma l'acqua,che in eſſa ſerà;ſuſpe
ſa eſſa canna dunque ſi che ne quà , ne là declini , di nuouo conuiene, che l'acqua
ſi fermi,ò habbia larghezza vguale,ouero ſia l'vna gamba dall'altra molto mag
giore, che in queſto nó è la cagione, perche ſtia ferma ò diſcorra l'acqua:ma de
riua dallo ſtare eguali le bocche di eſſa nell'acqua. Hor diciamo,perche(ſuſpeſo
eſſa canna) non diſcorre l'acqua per la ſua grauità , più leggieri, hauendo l'aria
ſubietto ? non è per altro , certo , ſe non perche il luoco del tutto non puote eſſer

fer vacuo:perche, fe l'acqua deue vfcirne è necefsario,che la parte fuperiore della canna prima fi riempia,nella quale non può per via niſſuna entrar l'aria. Onde fe nella parte fuperiore la pertugiaremo incontinente n' vſcirà l'acqua , & in
luoco di eſſa fuccederà l' aria : ma inanti,che fia fatto detto pertugio l'humido,
cioè l'acqua, che è nella canna percuote nel fubietto. Aria,la quale, non hauendo luoco, oue difcorrer poſſa non laſcia vſcirne l'acqua : ma quando per via del
pertugio ottiene luoco all'hora da luoco all'acqua, & la laſcia difcorrendo vſcire
riempiendo il luoco di eſſa , e per queſta cagione contro natura con la bocca fi
attrahe per la canna il vino : perche tirando l'aria , che è nella canna fi viene

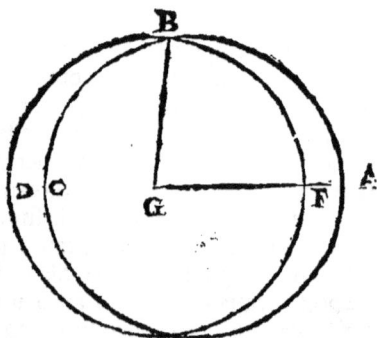

a riempire molto più,e per eſſere ad eſ
fa aria congiunto lo veniamo a ſtacca-
re. E queſto faſſi fin tanto, che con la
fuperficie del vino,come di ſopra ſi dif
fe,fi fà l'euacuatione, che all'hora lo
ſtaccato vino difcorrendo cade nel
luoco euacuato del Tubo, non hauendo altro luoco nel quale le fia lecito di
fcorrere,e per queſto viene contro natura all'insù portato. Altraméte quie-
terà l'acqua nella canna, quádo in ſferica fuperficie ſerà cóſtituita, il centro
della quale fia lo iſteſſo, che è il centro
della terra.Imperoche fe v'è fuperficie
acquea alcuna , che habbia lo iſteſſo
centro,che hà la terra ſtà quieta: ma fe è poſſibile non quieti conuiene,che mo-
uendofi poſi. Quieti adunque, che il centro della ſferica fua fuperficie, lo iſteſſo
eſſendo, che è quello della terra feguirà la fuperficie prima : Imperoche l'acqua
per vno , e per molti luochi fcorrendo quà, e là diuerſi luochi hauerà occupato;
fia adúque,che ciaſcuna di eſſe fuperficie,che hanno có la terra il fuo cétro fiano
da alcú piano feccate,e da eſſi fiano create linee in dette fuperficie,che fiano circoli delle circóferenze, che habbino lo iſteſſo cétro,che della terra cioè A.B.C.F.
B.D.e fia tirata la B.G.che perche eſſa ſerà vguale a ciaſcuna di eſſe cioè G. F.G.
A. il che può eſſere forza è adunque, che fi quieti,e tanto di queſto fia detto.

DEL TVBO SPIRITALE IN MEZO AVN' ALTRO
Tubo nella bocca di ſopra ſerrato. Theor. II.

VI è vn'altra forte di canna ò Tubo,che medio Spiritale vien detto del quale la ragione è la ſteſſa,che la paſſata della piegata canna fia il vaſo pieno
d'acqua A.B. in mezo del quale fia poſto il Tubo C.D.che per il piede di eſſo vaſo paſſando ſotto di eſſo auanzi : ma nella parte fuperiore la fua bocca, non aggiunga alla bocca del vaſo A.B. ma fia circondato da vn'altro Tubo, il vacuo del

quale fia alquanto maggiore del primo Tubo, e da eſſo fia vgualmente diſtante, di queſto fia ſtroppata la bocca E. F. diligentiſſimamente, ſi che non v'entri l'aria: ma di eſſo la bocca inferiore G.H. ſia tanto dal fondo del vaſo diſtante, che l'acqua volendo vſcirne poſſa liberamente diſcorrere queſti, come hò detto coſi accommodati, ſe per la bocca D. tiraremo l'aria, che è nel Tubo C.D. tiraremo anco conſeguentemente l'acqua, che è nel vaſo la quale tutta vſcirà fuori per cagione di quella parte di Tubo, che fuori di ſotto il piè del vaſo auanza. Imperoche l'aria, ch'è frà l'acqua, & il Tubo C. in I.K. nel Tubo E. F. tirata dalla bocca D. trarà ſeco l'acqua; il fluſſo della quale non ſi fermarà per l'auanzo, che è fuori del vaſo: ma non vi eſſédo il Tubo E.F.G.H. ceſſerà dell'acqua il diſcorſo, ſe ben ſerà di eſſa la ſuperficie in C. ſtando lo ecceſſo fermo: ma, perche non può l'aria ſott'intrare a tutto il Tubo E.F.G.H. nell'acqua demerſo, perciò non ſi fermarà il fluſſo, e l'aria entrata nel vaſo A.B. vſcédone, in luoco di eſſo ſuccederà l'acqua: perche la bocca del Tubo, che è fuori del vaſo ſépre è più baſſa della ſuperficie dell'humido, che è in eſſo. Ne potendo queſte ſuperficie renderſi vguali: per la maggior grauità dell'acqua, auerrà, che tutta l'acqua fuori ſe n'eſca del vaſo; e ſe non vorremo tirar fuori con la bocca l'aria contenuto dal Tubo C.D. & I.K. riempiremo tanto con acqua il vaſo A.B. fin che per infuſa per il Tubo C.D. pigli il fluſſo di eſſa diſcorſo, e coſi tutta l'acqua, che nel vaſo ſerà, fuori ſe n'vſcirà: e queſto Tubo chiameraſſi Siphone Spiritale.

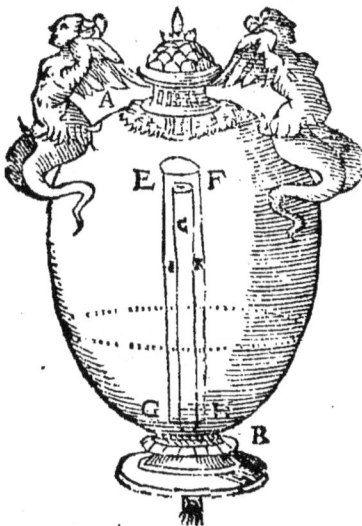

Da quanto dunque s'è detto è chiaro, che il fluſſo del Tubo (ſtando eſſo fermo) faraſſi inequale, & il medeſmo auerrà ſe forato nel fondo il vaſo l'acqua n'vſcirà; imperoche ſerà il ſuo fluſſo inequale; perche nel principio della effuſione eſſa vien premuta da maggior grauità, la quale ſempre facendoſi meno, quanto più cala nel vaſo l'acqua, diuiene il fluſſo minore, e più debole. E quanto del Tubo è maggiore lo eceſſo, tanto più diuiene più veloce il fluſſo, e più tardi quanto eſſo è minore come anco nella paſſata propoſitione s'è detto. E manifeſto dunque da quanto habbiam detto il fluſſo dell'acqua per il Tubo ò canna ſempre eſſer inequale: onde più oltre procedendo biſogna dimoſtrare il fluſſo dell'acqua ſempre vguale per la piegata canna di ſopra propoſta.

DEL FLVSSO SEMPRE VGVALE,
Per il piegato Tubo. *Theor. III.*

S Ia vn vaſo A.B. d'acqua ripieno fino alla ſuperficie H.K. nel quale ſopranuoti vn catino C.D. la bocca del quale ſia turata beniſſimo con C.D. coperchio di eſſo, nel quale, è nel fondo del catino: ſia fatto vn buco, per il quale paſſi vna

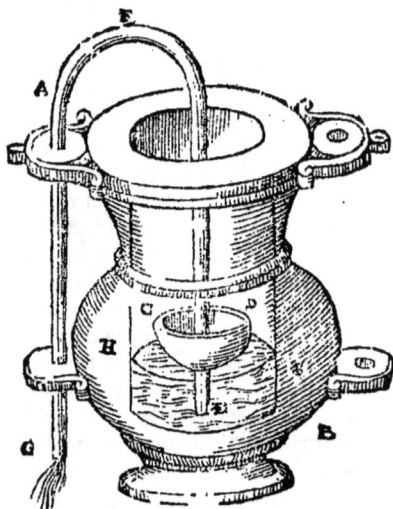

gamba del piegato Tubo E.F.G. come nel ſeguête eſſempio, e queſti buchi ſiano cô ſtagno eccellentemente turati intorno ad eſſo Tubo, ſupoſto, che facciamo il vaſo di rame, ò di metallo ſimile: l'altra gâba di eſſo, ſia poſta fuori del vaſo, la bocca del quale ſia più baſſa della ſuperficie dell'acqua del vaſo, come di ſopra. Che ſe per la bocca del Tubo, che è fuori del vaſo tiraremo con la bocca l'aria la ſeguirà ſimilmente l'acqua; perche non puote nel Tubo eſſer luoco del tutto vacuo, e come principio piglierà di eſſa il fluſſo, così diſcorrerà fin tâto, che ſerà fuori vſcita tutta l'acqua, che è nel vaſo, e queſto fluſſo ſerà vguale; perche calando dell'acqua la ſuperficie calerà anco il catino con il Tubo infiſſo in eſſo, e quanto lo ecceſſo di fuori ſerà maggiore più veloce ſerà il fluſſo dell'acqua, ancorche per ſe ſteſſo ſempre vguale.

DEL FLVSSO PER LA PIEGATA CANNA,
Parte vguale, e parte ineguale. *Theor. IV.*

I L fluſſo alle volte vguale alle volte anco ineguale, ſimilmente ſi farà per la piegata canna, ſecôdo il noſtro volere, & alle volte anco, ſe così ci piacerà vguale per ſe ſteſſo, ò più veloce, ò più tardi del primo fluſſo. Sia per eſſempio, il vaſo d'acqua pieno A.B. & il catino C.D. come di ſopra ſi diſſe coperto: per mezzo del quale sì del fondo, come del coperchio ſia infiſſo vn Tubo più largo della gamba interiore della piegata canna, e queſto nell'infraſcritto eſſempio ſia E.F. molto bene intorno al buco nel fondo, e coperchio del catino con ſtagno turato ſupoſto, come di ſopra ſi diſſe, che il vaſo ſia di rame: ma da ogni lato del vaſo ſian poſti due regoli, nella parte di dentro in ciaſcuno de qual ſia incauato vn canale, & in cima di queſti ſia poſto vn' altro regolo fermando queſto, e quelli nel vaſo. Li duoi regoli con li canali in eſſi incauati ſaranno G. H. I. K.

e quel-

& quello, che è per diametro del vaso ferà L. M. delli quali ferà fatto vn telaro a guifa della lettera H. ma pongafi vn'altro trauerfo nella parte fuperiore, come N. O. & per il trauerfo del vafo in diametro pofto, e per quefto del pegmatio ò telaro paffi la gamba interiore della canna, & entri nel Tubo infiffo, e faldato nel catino, e per quefti fimilmente paffi vna coclea ò vite R. fia anco nell' elica della quale fi ficchi nella madre, che ferà nel regolo N. O. e nel L. M. & effa coclea, che paffarà per L. M. e per N. O. auanzi fuori in R. quanto ci piacerà, & in R. fia fatto vn manico a guifa di quelli delle ve ricole con il quale vol gafi la coclea, fi che il catino alle volte fia in sù alle volte anco cal li all'ingiù. Ricordan doci di fare, che la gamba interiore della canna, ftia nell'acqua demerfa. Se adunque per il buco efteriore tiraremo con la bocca l'aria, e confeguente mente l'acqua, il fluffo di effa per la canna ferà vguale fin tanto, che vfcita ne fe rà tutta l'acqua, che è nel vafo; ma quando più veloce vorremo effo fluffo, ma per fe fteffo vguale volgeremo la coclea, e premédo l'acqua con il catino in virtù del telaro N. O. L. M. l' vfcire dell'acqua faraffi più veloce di prima, & il fluffo ferà per fe fteffo vguale, & volendo, che effo fluffo fia maggiormente gagliardo, volgafi la coclea abaffando il trauerfo L. M. del telaro, e confeguentemente il ca tino; fe anco lo vorremo più tardi volgendo la coclea al contrario alzaremo effo catino; & a quefto modo faraffi per la piegata canna il fluffo parte vguale, & parte ineguale: ma perche non riefce ne i groffi condotti, il tirar l'acqua con la noftra bocca, come ne i piccioli auuiene volendo tirar acque per groffi canali; così faremo, come nel feguente Theorema, che quanto di fopra s'è detto fi com prende chiaro nella infrafcritta figura.

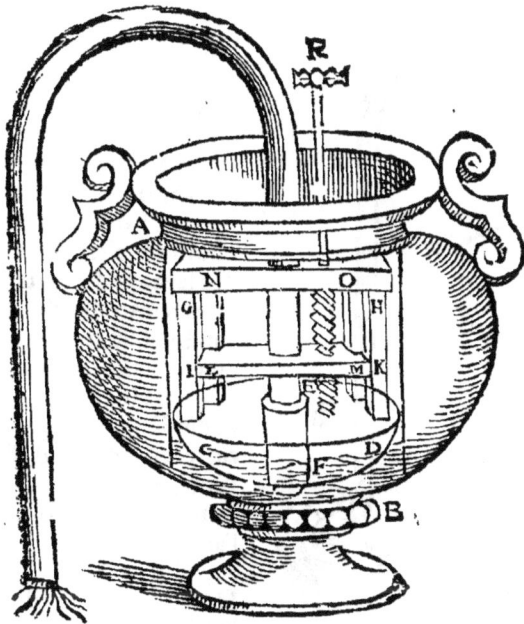

DEL

DEL TIRAR L'ACQVA FVOR
Delle groſſe canne. Theor. V.

POſta nel vaſo A.B.la piegata cāna con la gamba interiore nell'acqua demerſa, & in modo fermata, che mouere non ſi poſſa; Bucando vn regolo, che trauerſi il vaſo,come il diametro il cerchio,haueremo vn'altro vaſetto,nō molto grāde, come l'infraſcritto C. D.la bocca del quale ſia cō vn coperchio beniſſimo turata, & in eſſo facciaſi nel mezo vn buco, & in queſto vn Tubo E. tanto grāde, che in eſſo entri la gamba eſteriore della canna ; ma in eſſo ſia inueſtito di cuoio vn' altro Tubo beniſſimo legato ad E. e ſia F. G. ſia anco bucato il vaſo C. D. nel fondo H. indi riempiaſi d'acqua il vaſo turando il buco H. e ſia inueſtito il Tubo di cuoio F. G. nella gamba eſteriore legandolo ad eſſa beniſſimo, ſi che non vi poſſa entrare l'aria. Et volendo tirar l'acqua del vaſo A.B. Apriſi il buco H. nel fōdo del vaſo C. D. che di eſſo vſcēdo l'acqua in luoco di eſſa ſcenderà l'aria, che è nella canna, e tirerà di mano in mano l'acqua del vaſo A. B. in modo, che vuoto, che ſerà il vaſo C.D. l'aria che era nella cāna haurà riempito eſſo vaſo,e l'acqua la canna, la quale per le ragioni dette |di ſopra ſubito comincierà la ſua effuſione ; onde leuato il vaſo C. D. laſciaremo diſcorrere la canna, la quale douendo ben operare è neceſſario, che ſia retta, e con regoli fermata beniſſimo, come dall'infraſcritto eſſempio ſi può comprendere.

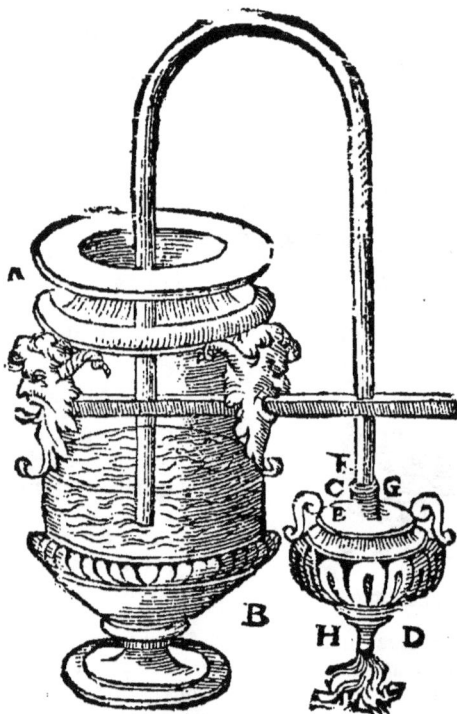

DELLA VVOTA PALLA DI RAME. Theor. VI.

VI è oltre a quāto hò fin quì detto la vuota Palla di Rame vtile all'ann'acquare, della quale conuien ragionare per poter da quanto fin quì ſi ſerà detto eſplicare varie conſtruttioni principiando da queſte non meno, che ſi faccia la Geometria da i punti, dalle linee, e da gli angoli. E queſta fabrica di rame

rame,e di ottone, e ʃù'l torno da i figuli,che volgarmẽte chiamiam boccalari,lo eʃſépio è A.B. nella parte inferiore della quale ſpeſſi,e minuti pertugi ſi forano;

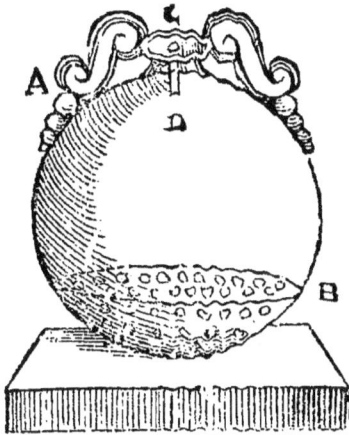

ma nella parte ſuperiore faſſi la bocca ,e da ogni lato i manichi per ſoſtenerla, & in eſſa vn picciolo Tubo C. D. e quando di eſſa ſi vorrà, chi ſi ſia ſeruire, la demerga nell'acqua ,che ella per i pertugi in eſſa entrarà, e l'aria sforzato ſe n' vſcirà per il Tubo C.D. la bocca del quale in C.ſe cõ il police turare mo canã lo la Palla dell'acqua,eſſa non vſcirà fuori altramente: perche l'aria per luoco niſſuno entrare nõ vi può,eſſendo,che chiuſo è di eſſo l' adito C. che col dito è turato; ma ſe vorremo ſparger l'acqua, leuiſi il dito di ſù la bocca C. che incontinente l' acqua vſcirà fuori, ſuccedẽdo in ſuo luoco l'aria,e fermeraſſi il fluſſo, ſe di nuouo con il dito chiuderemo la bocca C.fin tãto,che leuatolo di nuouo apriremo adito all'aria,nè differ-

réẑa alcuna ſerà dal Tubo C.D.alla piegata cãna,anzi,che queſto di quello ſi rénderà più cõmodo potendoſi con tanta facilità chiudere di eſſo la bocca cõ il dito.

CHE SI PVO' RIEMPIRE LA PALLA CONCAVA
d'acqua calda, e fredda l'vna ſeparata dall'altra,e mandarne fuori,quando vna, quando l'altra; & ambedue inſieme. Theor. VII.

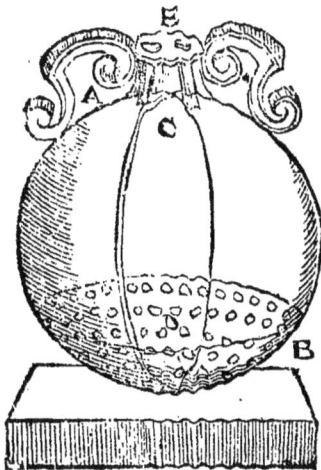

Con il modo ſopradetto ſi riempie la Palla d'acqua calda, e fredda, e d'acqua,& vino l'vna dall'altro ſeparata, e ſi fà,hor l'vna hor l' altra vſcire; e tutte le due inſieme a voglia noſtra in queſto modo. Fabricata la Palla in due parti pongaſi il diaframa ; cioè vna ſottil cartilagine, in vna di eſſe chiuſa,e ſaldata in eſſa meza parte d'ogn'intorno: poi ſia l'vna metà della Palla ſaldata con l'altra : la Palla ſerà A.B.e la cartilagine C.D.che l'vna parte della Palla dall'altra diuida; & eſſa Palla a guiſa di vn Criuello ſia nel fondo forata : e nella cima fattoui vn collo E. F. forato cõ duo Tubi vno de' quali vada in vna parte della Palla,l'altro nell'altra,& inſieme aggiungano in G. e quando vorremo d' acqua calda impire la metà della Palla tutaremo con vn dito

dito vno delli buchi , che è nel collo demergendo la palla nell'acqua , che per che non può l'aria ferrato in quella parte della Palla di cui è turato il Tubo vfcire, e folo entrarà nell' altra fuor della quale può l'aria vfcire per il Tubo aperto, e dar luogo all'aria, e poi che detta parte ferà d'acqua calda riempita chiudafi lo fpiracolo di effa nel collo, e lieuefi del vafo dell'acqua calda: poi fchiudafi l'altro e nell'acqua fredda pofta la Palla; fimilmente facciafi riempire, poi turato l'altro buco lieuefi dell'acqua, e ferà piena la Palla. Et volendo mandar fuori l'acqua calda , fia differato lo fpiracolo ò Tubo di quella parte della Palla in ch'effa è chiufa, che ella fe n'vfcirà per i buchi della parte di fotto (di effa Palla) e quando più non vorremo, che efca, turaremo effo Tubo di nuouo: & il fimile della parte, ou'è l'acqua fredda faremo , & volendo mandar fuori l'vna, e l'altra a vn tratto aprafi l'vn fpiracolo , e l'altro, e ferrifi, quando più non vorremo, che n'efca. Et è d'auertire , che fi poffono ridurre quefti fpiracoli in vn fol Tubo in due parti diuifo , e nella cima di effo fi può fare vn buco folo in maniera accommodato, che chiudendo, e fchiudendo effi buchi a noftro piacere: paia che tutta venghi da vn buco ifteffo per effo collo, come l'infrafcritto effempio dimoftra.

DEL VASO DETTO PROCHITA, CHE NE I SACRI Minifterij foleuafi anticamente vfare. Theorema VIII.

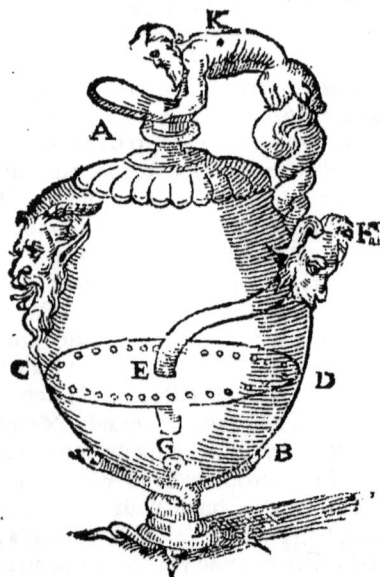

SI fabricano ancora vafi, che di vino, e d'acqua ripieni alle volte danno acqua pura: màdano alle volte vino puro; & alle volte acqua , & vino infieme mefchiati, la loro fabricatione fi fà in quefto modo. Sia il vafo A.B. a mezo del quale fia pofto il Diafragama , cioè la cartilagine ò Diametro C.D. & intorno al corpo del vafo fia forato, cò fpeffi buchi effo Diametro a guifa di cribro,ò criuello come lo diciam noi. Et in mezo ad effo Diametro fia il buco rotòdo. E per il quale paffi la forata càna E.G.H. ben comeffa, e faldati in E. e con la bocca G. vn poco lontano dal fondo di effo vafo. L'altra bocca in H. fia beniffimo faldata al vafo, & in effo fattoui vn picciolo per tugio, che entri nella bocca di effa canna in H. sù la orecchia del manico, il quale fi farà come lo dimoftra la figura, e come la canna perforato, e sù la riuolta di effo in K. fia fatto vn' altro pertugio, ò
fpira-

C

fpiracolo,il quale con vn dito turato indi riempiuto eſſo vaſo d'acqua,ella rimarrà ſopra il Diafragrama,ò Diametro non potendo deſcendere nel fondo,non ha
uendo l'aria,che è in eſſo altro luogo di onde vſcire, e cederli il luogo,ſe non per
lo ſpiraglio K. & H.il quale aperto ſubito l'acqua per il criuello ſcenderà a baſſo
nel fondo del vaſo:onde ſe prima porremo vino nel vaſo,indi chiuſo lo ſpiracolo
K. ſe riempiremo dopoi il vaſo d'acqua eſſa nó ſi meſchierà có il vino:ma verſá-
do il vaſo n'vſcirà ſolo l'acqua pura,ſtádo chiuſo lo ſpiraglio K.indi chiuſo il pertugio H. & aperto il ſpiraglio K. n' vſcirà ſolo il vino per la bocca del vaſo , nella
quale arriuarà la bocca della canna inſieme a pari della bocca del vaſo,& aperto
l'vno,e l'altro n'vſcirà vino,& acqua. Onde ci fà chiaro,che di eſſo vaſo a noſtro
volere verſaremo acqua,& vino,& vin ſolo,& acqua pura, quádo ci piacerà bur-
late có amici noſtri.Il qual vaſo ſerà fabricato,come la ſopraſcritta figura ſi vede.

DELLA SPHERA, O PALLA CONCAVA,
che per ſe ſteſſa eſprime l'acqua in alto. Theor. IX.

S I fabrica anco la concaua ſphera,ò altro vaſo,fuor della quale l'acqua in eſſa
infuſa ſi verſa,e per ſe ſteſſa s'alza con gran forza fin tanto,che tutta è vſcita fuori cótro la natura ſua,in queſto mo
do:cioè,ſia la ſphera A.B.di qual materia
più tornerà bene: pur che il ſuo corpo ſia
in modo fermo,e di tanta buona materia
fabricato,che reſiſta alla grá forza della
futura compreſſione dell'aria.Il Diametro,ò larghezza del corpo della quale faraſſi a volontà di chi la vorrà , e grande ,
e mediocre,e minore . Queſta collocata
ſopra vn'hipoſpatio,cioè piede C.ſia forata nella parte di ſopra, & in eſſo buco po-
ſtaui vna cána forata, tanto però diſtáte
có la bocca interiore del luogo per diametro ad eſſo buco oppoſto quáto a giu
ditio tuo ſerà a baſtáza per il fluſſo dell'
acqua.E la cána alzerai ſopra la Palla alquanto diligentiſſimámête ſaldandola in
torno albuco,ſi che entrare,ne vſcire poſ
ſa l'aria,dopoi ſia partita eſſa cána in due
tubi D.G.D.F.nelli quali ſiano incaſtrati
altri due tubi in trauerſo H.K.L.M.N.X
forati,e bucati inſieme có li due D.G.D
F.ſia dopoi intromeſſo ne' Tubi H.K.L.M.N.X. vn'altro Tubo O.P. ſimilmente bucato con i buchi di quelli,che ſono in H.K.L.M.N.X. e queſto habbia l'oppoſto

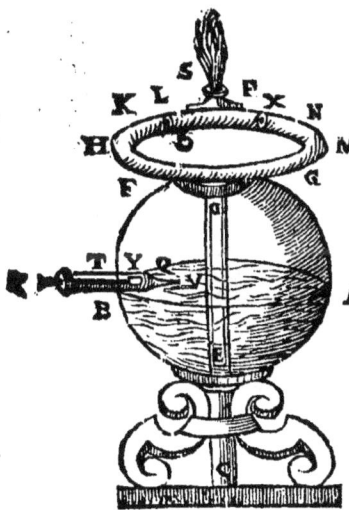

poſto Tubo retto S.ſimilmente anco forato con il buco de gli altri; ma finiſca in
vna bocca picciola in S.come la figura dimoſtra, e ſia in maniera accommodato,
che preſo S.ſi volga il Tubo O.P. e chiuda i buchi, che ſtādo S. volto in sù, ſi cor-
riſpondono ſi che l'acqua, che fuor di eſſo vaſo da vſcire eſito non habbia: ſia dopo queſto impoſto in eſſa ſphera vn'altro Tubo T.Y.V. per qualche ſatto pertugio, e la bocca interiore V. ſia turata; mà habbia preſſo il ſondo vn buco rotondo
Q. al quale ſia poſto vna clauicola da Latini detta *Aſſarium*, che preſſo di noi di-
ceſi cartella, la conſtruttione della quale più giù eſporrò. Sia dipoi fatto vn'altro
Tubo Z. il quale entri nel Tubo T.Y.V. ſe adonque cauaremo il Tubo Z. ponendo nel T.Y.V. acqua, eſſa nel corpo della ſphera entrarà pei il forame V. aperta
la cartella poſta del Tubo nella parte eſteriore, e cedendo l'aria per li pertugi del
Tubo O.P. già detti, e poſti cō li buchi, che ſono ne'tubi H.K.L.M.N.X. e quando il corpo della ſphera ſerà mezo d'acqua volterai il Tubo S. in modo, che li
buchi, che ſi riſpōdano ſi mutino di luogo: poi dimenādo il Tubo Z. caccierai per
eſſo l'aria con il Tubo T.Y.V. la quale per la cartella del buco Q. con violenza
entrerà nel corpo della ſphera, finche ſerà ripieno d'acqua, e d'aria, onde faraſſi
per la furia violente in eſsa vn'amaſsamento di aria agitato: e di nuouo cauando
il Tubo Z. ſi che il Tubo T.Y.V. d'aria ſi riempia, & indi ficcando il Tubo Z. &
immettendo per forza nella Palla predetta aria, e continuando ſpeſſo il ciò fare
verrai a impire di molt'aria (come condenſato, e compreſſo) il corpo di eſſa
Palla, & eſsa aria vſcire non potrà non vi eſſendo da niuna parte ſpiraglio aperto poiche per ſe ſteſsa ſerreraſſi la cartella del buco Q. ma ſe tornarai a leuare il
Tubo S. ſi che ſtia retto ſcontrandoſi i buchi ſe n'vſcirà per forza l'acqua sforzata dal compreſso aria, il quale alterato per propria natura lo ſpingerà per forza;
e ſe l'aria compreſso ſerà molto: tutta ſcaccierà l'acqua fin che la ſuperflua aria
ſe ne vſcirà inſieme con l'acqua.

DELLA CARTELLA. Theorema. X.

MA la Clauicola, che come ſi è detto di ſopra è da Latini detta *Aſſarium*,
che volgarmente ſi chiama cartella ſi fà in queſto modo. Sia fabricato
vn quadro A.B.C.
D. di conueniente
grandezza, e groſ-
ſezza, intorno il
quale ſia ſegnato,
con linee paralelle
alle linee eſtreme
di eſſo vn'altro
quadro, minor del
primo alquanto poſcia ſia queſto incauato nella groſſezza conuenientemente,

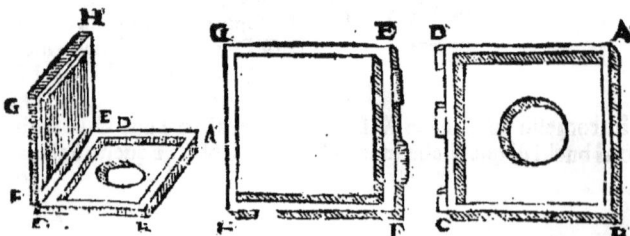

& verrà intorno ad esso quadro a restare, come vn lébo: dopoi sia fatto in mezi di esso vn buco poi facciasi da vn lato del quadro diremo C.D. cō vna canna diuisa in parte cinque, della quale ne sian tagliate due nel mezo, come mostra lo infrascritto essempio. Sia dopo questo fatto vn'altro quadro grande, come il primo e similmente segnatoui vn'altro quadro dentro, come si fece in esso. Ma sia in questo tanto tagliato del margine, quanto è cauo l'altro quadro più dal lembo; in modo che composti insieme entri l'altezza di questo nel cauo dell'altro, & il margine del primo nel più basso di questo, & insieme congiunti pongasi le due parti della canella tagliata, oue mancano nel primo quadro; ma queste siano cōgiunte al secondo, e sia poi nel buco della cāna posto vn filo di ferro ribattuto da ogni capo; sì che nō possa vscirue F. e sia il primo quadro segnato A.B.C.D. Il secōdo F.G.H.E. e la canna C.D. attacata al primo, & E.F. al secōdo il quale, come percardini s'apra, e si serri; ō de riceua l'aria, e serri di essa il buco dell'vscita a c'hò accō nodato la presente figura facile da esser cōpresa da ogni mediocre ingegno.

FARE PER FORZA DI VN FVOCO ACCESO
Sacrificare Animali quanti ci parerà. Theor. XI.

Fannosi sacrificare gli Animali, in questo modo. Sia la Base sù la quale essi posano A.B.C.D. d'ogn'intorno eccellentemente chiusa, sopra la quale

poſſi vn'altare ſimilmente d'ogni intorno ſerrato, inſieme con la Baſe bucato in G. ma per la Baſe paſſino tubi, quanti ſeranno gli Animali, li quali ſiano
H.L.N.O. poco dal fondo diſtanti come in L.N. queſti ſian forati, e forate le
braccia de gli Animali li quali habbiam' in mano, ò vaſo, ò qual ſi ſia coſa da ſacrificare: ſia dopo queſto poſto acqua nella Baſe per qualche buco, come in M.
il quale dopoi ſia ſubito turato: indi accendaſi ſopra lo altare E. F. vn fuoco che
l'atia in eſſo altare ſerrato ſerà dal vapor di eſſo ſubito forzato a calare nella Baſe per il Tubo P. e ſcacciarne l'acqua, la quale non hauendo altro ſito conuerrà, che ſe n'eſca per li tubi N. O. H. L. ſpinta dalla forza del vapore per gli vaſi,
ò per qual ſia coſa ch'abbiano in mano gli Animali, e coſì ſacrificare, tanto du-
rarà il ſacrificio, quanto ſtarà ſù l'altare acceſo il fuoco, il quale ſpento ceſſa il
ſacrificio, onde auuerrà, che tante volte ſacrificaranno, quante volte accende-
raſſi il fuoco: ma conuiene, che il Tubo per il quale deue paſſare la calidità ſia
corpulente nel mezo; perche è neceſſario, che il vapore ſia grande; acciò habbia
maggior forza di cacciar l'humido, perche poſſa maggiormente operare.

DE I VASI, CHE SE NON SONO RIPIENI
non verſano: ma ripieni tutto l'humido, che v'è dentro ſe
ne ſugge. Theorema XII.

S Ia il vaſo non coperto A. B. C. D. per il fondo del quale pongaſi il Diabete
Spiritale E. F. G. H. ouero la infleſſa, ò piegata canna I. K. L. ſia dopoi pieno il vaſo A. B. C. D. d'acqua, che per le di ſopra allegate ragioni tutta l'acqua ſe
n'andrà fin, che il vaſo reſtarà vuoto, ſe però la canna, ò Tubo Spiritale ſerà ſol
tanto dal fondo diſtante, quanto baſterà per il fluſſo dell'acqua.

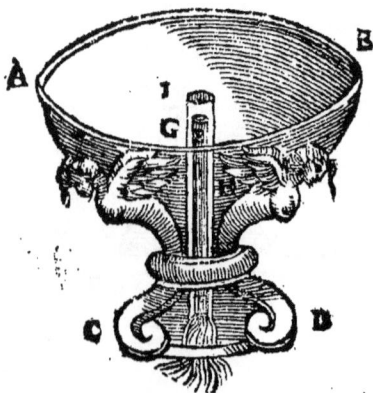

DE

DE I VASI CONCORDI.
Theorema. XIII.

I Vafi, che fi chiamano concordi fi fermano sù vna bafe,delli quali fe ben vn dì
loro ferà ripieno di vino , l'altro vuoto ; ben che habbino i loro canali aperti
tutte due , non vfcirà però il vino, fe non fi empirà l'altro vafo,che fia(diciamo)
fi riempia di acqua,che fubito ambidue fpargeranno l'vno acqua,l'altro vino,ne
ceffarà il loro fluffo,fin che del tutto vuoti non feranno. E fi fabricano in questo
modo. Sia la bafe fopra la quale fi collocaranno i vafi A. B.C.D. ma i vafi fiano
E. F. & in ciafcuno d'effi fian pofte le piegate canne, nel vafo E. fia la canna G.
H.K. e nel F.fia L.M.N. che l'vfcite loro habbiamo in canali curui, che fuori de
i vafi fparghino; e le canne di questi fiano piegate per vn'altra canna nella bafe,
la quale fia O. P. Q. R. le bocche loro O.P. fiano a canto le curuità delle canne.

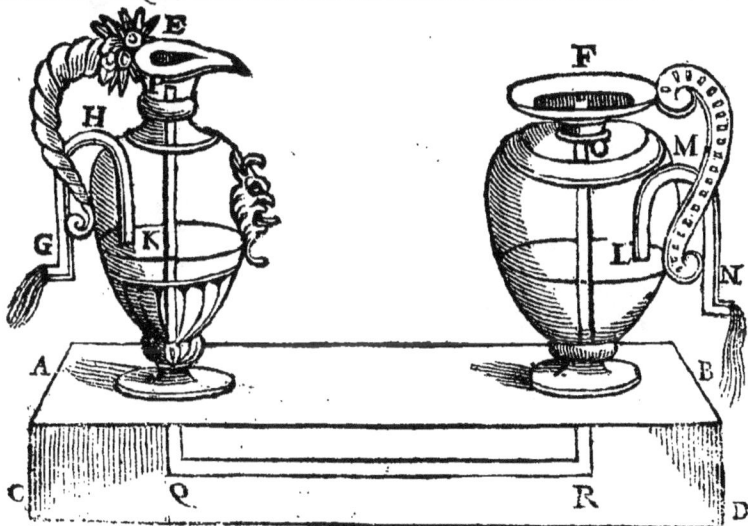

Indi fia riempito vno di effi vafi di vino,che per efempio fia E.ma non tanto però, che fia fopra la curuatura della canna H. che non arriuando fopra di effa il
vino , egli non vfcirà altramente : perche la canna non può hauer principio di
fluffo;ma fe nel vafo F. porremo tant'acqua , che effa fourafti alla curuità della
canna M. all'hora l'acqua fe ne comincierà a fcorrere per le canne O. P. Q. R.
nel vafo E. dando di fluffo al vino princìpio : & in vn medefmo tempo ambidue
i vafi verfaranno questo vino,e quello acqua;fin tanto,che fuor di effi ferà tutto
il vino,e tutto l'acqua vfcita .

DE

DEI VASI NE' QVALI INFONDENDOSI
Acqua, si crea vn suono, ouero sibilo.   *Theor. XIV.*

C I sono ancora certi vasi, ne' quali se con arte da noi vi serà infusa acqua, crearemo diuersi suoni, secondo il nostro gusto, li quali si formano in questo modo. Sia la base d'ogn'intorno chiusa A.B.C.D. e sopra il coperchio di esso siaui posto lo infundibulo E. F. c'habbia il tubo tant' alto dal fondo del vaso quanto per il flusso dell'acqua serà a bastāza, questo sia sù il coperchio della base molto ben d'ogn'intorno chiuso, sia dopoi fatto la canna G. H. K. in modo

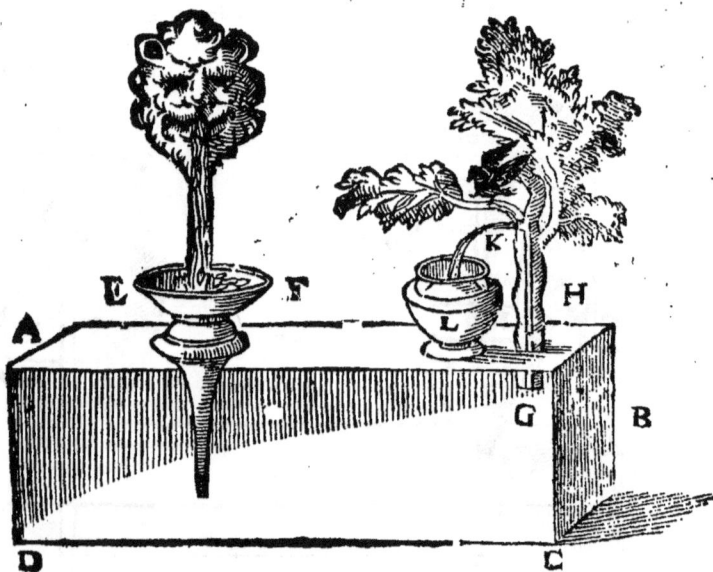

acconcia nella parte sopra il vaso, che soffiandosi in essa ella possa rendere suono, questa (forata la base) sia saldata nel coperchio: mà la bocca di essa K. sia piegata alquanto, che in vn picciel vaso d'acqua posta, che serà, come in L. per esempio. Se per lo infundibulo E. F. porremo nella base acqua sforzato, serà l'aria, che è nella base a vscirne per la canna G. H. K. e conseguentemente a creare il suono, e se di essa canna la estremità porremo nell'acqua, n' vscirà vn suono strepitoso, come di Rusignuolo, nè vi essendo acqua renderà sibilo semplice. Lo esempio è questo.

DEL.

DELLE DIVERSITA' DELLE VOCI
De varij vccelli. Theor. XV.

SE ben tutte le voci fi creano con le canne, differenti però di efse fi rendono i fuoni per le longhezze, grofsezze, futtigliezze, e cortezze loro. Ouero quádo parte di loro fono nell'acque immerfe, che così varie, e diuerfe voci, e cantí di varij vccelli rendono: quefti, ò fopra fonti fi fanno, ò in cauerne, ouero in qual luogo più torna commodo, pur che vi fia flufso, ouero corfo d'acqua; difpofti per ordine quanti vccelli torna commodo: ma quelli difpofti, alli quali fi pone d'rimpetto vna Nottola, ò Ciuetta, che fi dica, che quando per fe ftefsa volta la faccia a gli vccelli effi fermano il lor canto, & volgendoui il tergo lo ripigliano, fi fabricano in quefto modo: Difpongafi vn canaletro d'acqua, che fempre corra, e quefto fia A. a cui fi fottopó ja il vafo B.C.D.E. nel quale pógafi il tubo Spiritale, ouero la inflefa canna F. G. fia dopoi fopra il vafo grande B.C.D.E. pofto il vafo infundibile H. di cui, la coda tanto refti alta dal fondo, quanto ci parerà debba baftare per il flufso dell'acqua. Quefto h'abb'a molte canne, che paffino nel corpo del vafo grande molto ben turate d'intorno sù'l coperchio di efso fi

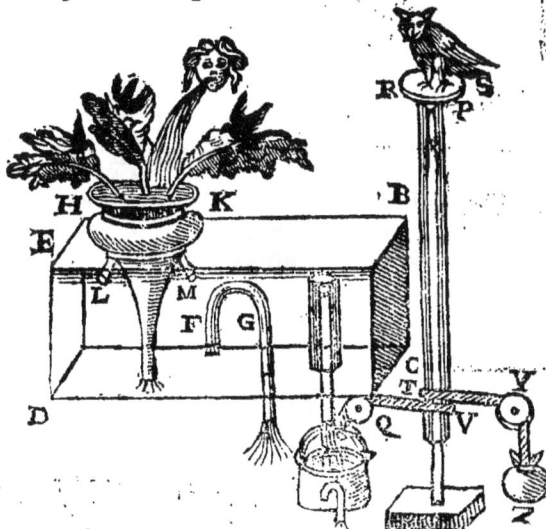

come nella foprafcritta dif fi, e come per efsempio in L.M. che mentre il vafo B. C. D. E. fi riempirà d'ac-qua, l'aria sfotzato fe n'v-fcirà per le canne L.M. im-mitendo il canto de gli vc-celli. E ciafcuna canna fia nelli piedi, e corpo de gli vccelli in maniera accom-modata, che per la bocca di effi mandi ftridore, che quando il vafo B. C. D. E. ferà pieno; perche fi votarà per il tubo Spiritale, infle-xa canna cefsaranno di cantare.

Ma perche la Ciuetta fi volga in quefto fubito a gli vccelli, come fi difse di fopra: Sia collocato vn'afta, ò ftilo retto, & a torno eccel-lentemente lauorato fopra vna bafe MM. il quale sù vn bilico pofi, e fia efso fti-lo X. intorno al quale fia pofto la forata canna O. P. ma non affato bucata, & efso ftilo habbia vna punta fottile, sù la quale efpeditamente fi volga la canna in cima della quale pongafi vna conuenientemente picciola palla R. S. sù la quale pofi vna Ciuetta ben ad efsa faldata: Habbiafi poi vna catenella, che intorno la

canna

canna predetta s'auolga con i capi al contrario vno dell'altro, e fian T. Y. V. Q
nel capo T. Y. sospendasi il peso Z. sopra la troclea, ò girella Y. & il capo V. Q. posto sù vn'altra troclea sospenda il vaso concauo, che noi adimandiamo secchio; il
quale stia sotto il tubo Spiritale, ò inflesa canna, che mentre il vaso B. C. D. E. si
voterà, l'acqua scenderà nel secchio, il quale calando, per il peso, la catena volgerà la canna O. P. e farà voltare il petto della Ciuetta verso gli vccelli, e guarde-
ralli mentre cessano di cantare; ma votandosi il vaso B. C. D. E. nel secchio, &
esso votandosi per il tubo Spiritale, che in esso conuien porre, vuoto, che serà il
vaso, scenderà il peso Z. a basso, & volgendosi la canna P. O. volgerassi in dietro
la Ciuetta, e tutto a vn tempo tornerassi il vaso B. C. D. E. a empire d'aria, e di
nuouo gli vccelli ripiglieranno il canto loro: finche votandosi tornerà di nuouo
la Ciuetta a volgersi, & essi cesaranno di cantare.

CON LA ISTESSA RAGIONE SI FANNO
sonare le Trombe. *Theorema XVI.*

SI fanno similmente con le sudette ragioni sonar le trombe; imperoche,
quando nel ben turato vaso si porrà lo infundibulo, la coda del quale sia poco distante posta dal fondo, con diligenza estrema turando lo infundibulo con il
coperchio, posta dopoi la bocca della tromba, di cui la lingula, & il dodoneo siano con il coperchio del vaso forato, e ben saldato d'intorno; accio il fiato dell'a-
ria nell'vscire per altro luoco non possa, che per il dodoneo, e per la lingula auie-
ne, che ne lo infondere acqua per il vaso, che infundibulo chiamiamo l'aria nel
vaso grande rinchiuso per forza cacciato dall'acqua per la lingula soforza la
tromba a sonare.

NELL'APRIRE LE PORTE DE' TEMPII
In questo modo si fà, che vna, ò più trombe sonino.
Theorema XVII.

POngasi dopo le porte il vaso A. B. C. D. in cui sia acqua, & in essa vn vaso E.
rouerscio, cioè con la bocca verso l'acqua, e con il fondo verso il Cielo, nel
quale forato vn buco sia in esso accommodata la tromba, che habbia nella bocca il dodoneo con la lingula, & in pari del cannale della tromba accommodato il
regolo L. M. conficato nel rouerscio vaso suffocatorio, & al canale della tromba
legato vi si faccia nella estremità vn buco Z. grande quanto all'opra potrà bastare, dentro il quale pongasi il regolo N. X. che per L. M. sustenti il suffugatorio F.
tanto dall'acqua distante, che basti; & N. X. si moua in mezo sù'l perno O. e nel

D l'estrel'eftremità X. fia legata vna fune, ò catena, che per la girella P. fia portata alle parte di dietro delle porte nel mezo, oue fi congiungono nel ferrarfi, che per forza aprendofi le porte tirerà la fune, l'eftremità del regolo X. che girandofi sù'l perno O. fuffogarà il fuffocatorio nell'acqua, e renderà la tromba fuono; perche l'aria, che in efso ferà cacciato dall'humido per il dodoneo, e per la lingula, come facilmente fi comprende dall' infrafcritto efsempio.

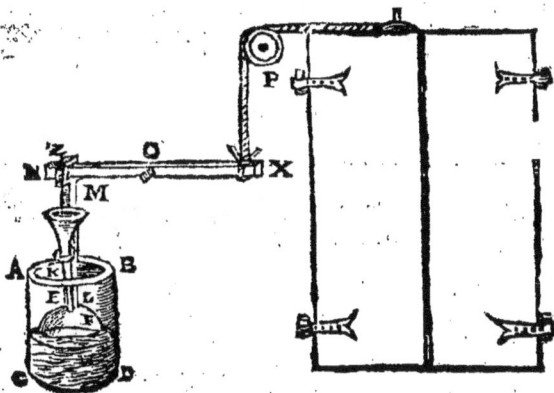

VASO NEL QVALE INFVSO VINO,
& acqua l'vn dall'altro feparati fi può a voglia altrui ha-
uer, quando vin puro, quando acqua pura.
Theor. XVIII.

SIa il vafo A. B. C. nel quale fiano li due fondi D.H.F.G. & in ciafcuno d'efsi pongafi la forata canna H. K. diligentemente in ciafcheduno d' efsi fondi faldata, & in efsa fia fatto il buco L. vn poco di fopra dal fondo F. G. ma fotto il fondo D. H. facciafi nel corpo del vafo lo fpiracolo M. e così accommodato ogni cofa, e turato lo fpiracolo C. pongafi vino nel vafo, che per il buco L. riempirà il luoco frà i due diafragmi D.H.F.G. perche l'aria, ch'è in efso ferà, fe n'vfcirà per lo fpiracolo M. il quale turato con il dito, il vino, che ferà in D.E.F. G.fi fermarà in efso, nè potrà vfcire: e quando infondetafsi acqua nella parte del vafo A.B.D.H. ferrando lo fpiracolo M. n'vfcirà folo acqua pura, & efso fpiracolo aperto, efsendo, che nella parte fuperiore v'è l'acqua, verfando il vafo n'vfcirà acqua, & vino mifto, e perche tutta l'acqua ferà vfcita, all'hora puro n'v-
fcirà

ſcirà il vino; Benche con lo aprire, e ſerrare lo ſpiracolo ſi poſſano far diuerſe
effuſioni; ma molto meglio è prima porre acqua nella parte D.E.F.G. e ſerrando
lo ſpiracolo infonder vino nell'altra parte, che a noſtro piacere n'vſcirà verſando
hor vino miſto, hora puro, tante volte quante noi iſteſſi ce ne compiaceremo.

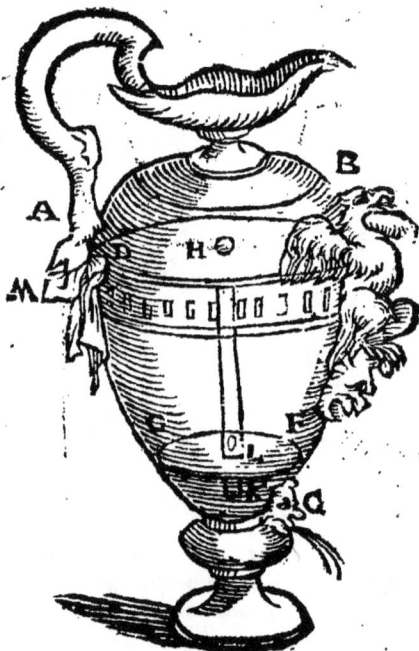

DELLA COPPA SOPRA VNA BASE POSTA,
Se di eſſa ſerà cauato il vino di che ſia piena tornerà incontinente
per ſe ſteſſa a riempirſi. *Theorema XIX.*

SIa il vaſo A.B. di cui la bocca ſia a i termini del collo ſerrata con il diafragrama C.D. diligentemente ſerrato, e chiuſo per il quale paſſi la canna E.F. che
non arriui al fondo; ma da eſſo ſia poco diſtante: l'altra canna G.H. paſſi per il
fondo, e poco lontano ſia dal diafragrama C.D. e dopo queſto in K. ſia bucato il
fondo, & in eſſo poſtoui la canna K.L. e la baſe sù la quale hà da poſare il vaſo
A.B. ſia la M.N.X.O. & in eſſa ſia lo ecceſſo della canna G.H. e nella parte da
baſſo la coppa P.R. ma per la baſe M.N.X.O. pongaſi la piegata canna S.T. che
con la baſe, col piede, e con il fondo della coppa ſia forata, e l'altezza della coppa ſia vguale alla bocca H. della canna G.H. ciò fatto pongaſi il vino per la boc-

D 2 ca

ca,e per la canna E. F. nel vaſo A. B. che l'aria nel corpo del vaſo A.B. chiaſo, ſe n'vſcirà per la canna G.H.e ſe la canella K.L.ſerà aperta il vino,che per eſſa s'in-

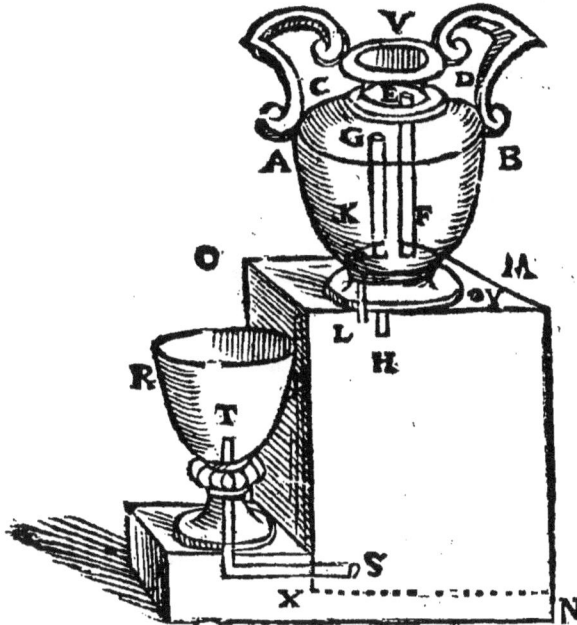

fonde , nella baſe, ſe n'andrà , e nella cop-pa. Ma ſe ſerà ottu-rata impiraſſi il vaſo A. B. hor poniam vi-no anco nella baſe M.N.X.O. e nella coppa P.R. ſi che el-la ſia piena , e piena anco la baſe M.N.X. O. fino alla bocca della canna G. H. il che fatto ſerriſi la bocca E. che il vino , il quale è nel vaſo A. B. non più ſcenderà nella baſe per la ca-nella K. L. non po-tēdo eſſo hauer d'al-tronde l'aria , che per la bocca E. di già turata; ma quãdo ſe-rà cauato il vino fuo

ri della coppa apraſi di nuouo la bocca E. che ſcenderà il vino nella baſe, & in eſſa coppa K.R. fin che ſerà di nuouo piena ſubintrando l'aria nel vaſo in luoco dell'acqua, e queſto tante volte ſerà, quante fiate cauerafſi della coppa il vino ; ma ſerà neceſſario, che la baſe M.N.X.O. ſia forata in Y, acciò l'aria, che è nel vaſo A.B.cedēdo al vino il luoco,ſe n'étri per la bocca G.e ſe n'eſca per il buco Y.

CHE LA PROPOSTA COPPA (BENCHE SI CAVI, *gran copia di vino, ò d'acqua) ſtarà ſempre piena . Theor. XX.*

Sia il vaſo A-B. in cui ſia acqua per il futuro vſo a ſufficienza,& il canale,che di eſſo eſcie ſia C. D. ſotto il quale pongaſi vn'altro vaſo G.H. & a canto il canale pongaſi il regolo E.F. e dalla eſtremità E. ſuſpendaſi il ſouero K. dentro il vaſo G.H. e dalla eſtremità F. a vna fune,ò catenella ſuſpendaſi vn peſo di piom-bo X. e facciaſi,che'l ſouero nuotante nel vaſo G.H. ſerri la bocca del canale C. D.e cauando l'acqua di G. H. cali con eſſa il ſouero, & apra la bocca del canale C.D.e riempiendoſi il vaſo G.H. di nuouo ſi turi la bocca di eſſo canale onde dell'acqua ſia impedito il fluſſo, che ſe la coppa ſerà in qual ſi voglia luoco poſta, il labro eſtremo della quale ſia vguale alla ſuperficie dell'acqua, auerrà,che ſe alcuno

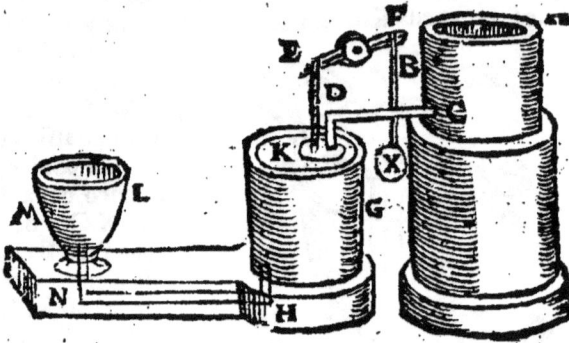

cuno cauerà l'acqua della coppa calerà anco l'acqua di G. H. e có essa il souero, aprendo la bocca del canale per il qua le scorrendo l'acqua di nuouo tornerassi la coppa a riempire, e quádo serà ripiene anco il vaso G. H. & il souero, che per la sua leggerezza conuien, che sia sù l'acqua a gala verrà (come detto habbiamo) a chiudere la bocca del canale, e questo tante volte serà quante volte caucrassi della coppa l'acqua.

VASO NEL QVALE GETTATO VNA MONETA DI CINQVE dragme n'escie acqua, et asperge colui, che la moncta pone nel vaso. Theor. XXI.

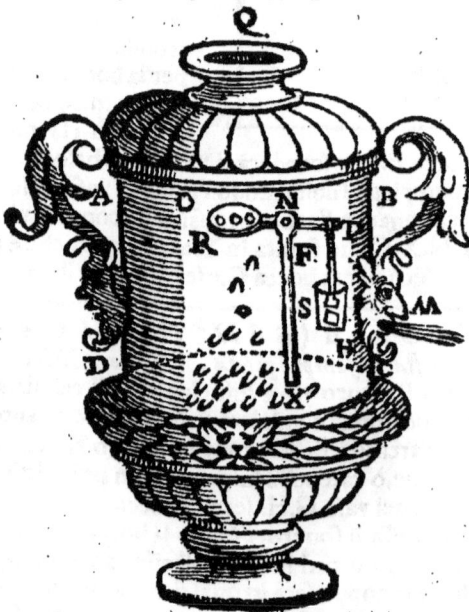

Sla lo spondeo, cioè il vaso da sacrificio, ouero tesoro A. B. C. D. la bocca del quale Q. sia coperta, e dentro vi sia il vasetto F. H. nel quale sia acqua, & in esso la pyxide L. fuor della quale fin fuori del vaso esca il canale L. M. pongasi poi nel vaso la regola dritta N. X. nel fondo infissa: sopra la quale sù vn perno pongasi l'altro regolo O. P. il quale habbia in O. il platismatio, ò come dicia m noi la pala larga R. e sia paralello al fondo del spondeo, & in P. sia vn cilindro con vn coperto, e detto cilindro entri nella pila L. sì che l'acqua non esca per il canale L. M. & il coperchio cón il cilindro sia tanto più graue del platismatio, ò palla, che si dica, quanto è la grauezza d'vna moneta di cinque

drag-

dragme, & alquanto meno. Che quando per A.bocca del vaso serà gettata essa moneta caderà sù la palla R. & aggrauãdola farà inclinare il regolo O.P. e conseguentemente alzerassi il coperchio della pila, il quale (caduta la moneta) nel fondo caderà nella pila, e farà schizzar l'acqua, la quale più non vscirà, se di nuouo non vi serà gettata la moneta per A.

POSTO IN VN VASO VARIE SORTE DI VINO
bianco, rosso, di più sapori, & acqua sargli a nostra voglia per vn solo canale vscire. Theorema XXII.

SIa vn vaso A.B. serrato, e chiuso nel collo da lo diafragrama C.D. che anco per l'altezza del vaso habbia tanti diafragrami, ò tramezi quanti humori vorrai metter in esso vaso, che benissimo nel corpo di esso siano saldati, & al diacagrama C. D. che hora per più facile intelligenza, diremo che siano due, cioè

E.F. facciasi anco, che il diafragrama C.D. habbia tanti buchi quanti potrà capire a guisa d'vn criuello spessi, e piccioli, che per tutti i luochi frà li tramezi vadino, e sotto il diafragrama siano li spiracoli G.H.K. che passino alle parti oue si han da infondere gli humori, dalle quali escano canne forate, a detti tramezi, però saldate, sì che tutte in vn commune canale R. entrino: ma a detti tramezi, però saldate, sì che non mescolino gli humori; che se chiuderai li spiracoli G. H. B. & il canale R. e ponendo nella bocca del vaso, ò acqua, ò vino, ò qual sorte di humore ti piacerà, esso non scenderà in alcun luoco; perche l'aria, che in essi è chiusa non hà da nissun lato vscita: ma, se aprirai vno de i detti spiracoli, subito nel luoco, oue serà aperto il respiro entrata l'acqua, ò vino, che haurai di sopra nella bocca posto; ma chiuso il respiro, & aperto vn'altro spiracòlo, indi

postoui vn'altra sorte d' humore in quella parte scenderà similmente, oue serà il respiro aperto: onde serrati tutti li spiracoli, e li buchi del cribro, se ben aprirai la bocca del canale R. non vscirà però fuori niente se non li schiuderai vn spiracolo, che entrandoui l'aria fluirà l'humore, che in esso luoco si contiene, questo chiuso, & apertene vn'altro simile gli auerrà, e così di tutti gli altri.

LI DVE VASI, CHE SOPRA VNA MEDESMA BASE
colocati, vno de' quali pieno di vino, e l'altro vuoto, e che quant'acqua nel
vuoto sarà posto tanto vino fuori dell'altra vscirà, si fabricano a questo
modo. **Theorema XXIII.**

S Iano sopra vna base A. B. due vasi C.D. & E.F. che con li diafragrami G.H.
K.L. habbino le bocche chiuse, & in esse per la base sia posto il tubo ò canna bucata M.N.X.O. così piegata come la figura dimostra, le bocche delli quali
siano poco lontano dalli diafragrami, ò tramezi (che noi chiameressimo fondi)
G.H.K.O. e nel vaso E.F. sia la piegata canna P.S. la curuità della quale sia alla

bocca del vaso, e di essa la bocca P. tanto distante dal fondo, quanto al flusso è
necessario; ma l'altra gamba sporgasi fuori del vaso formata in vn canale sia dopoi per il diafragrama G. H. passato lo infundibulo Y. di cui la bocca sia saldata
al diafragrama, e poco dal fondo, sia distante. Hora riempiasi il vaso E.F. per alcun buco, come per esempio V. che dopò quasi affatto pieno sia turato; indi posto acqua nel vaso C.D. essa spingerà l'aria, che è in esso, e la sforzerà passare
nel

nel vaſo E. F. per la canna M. N.X.O. della quale il vino, che in eſſo vaſo ſerà
contenuto, ſerà ſpinto fuori, e queſto tante volte ſerà, quante volte infonderemo
acqua nel vaſo, eſſendo manifeſto tanto eſſer il corpo dell'aria, quanto è quello
dell'acqua, & altro tanto il vino, e ſe non vi ſerà la piegata canna: ma ſolo il canale S. il medeſimo ſerà ſe però dalla violenza dell'acqua non ſerà vinto il canale.

FABRICAR VNA CANNA, CHE FLVISCA
tant'acqua, & vino quanto ci parerà. Theor. XXIIII.

Sia il vaſo vuoto A. B. ò di forma Cylindrica, ò pur d'vn ſolido rettangolo
paralelle pipedo, a canto del quale ſia poſto nell'iſteſſa baſe vn' altro vaſo
d'ogn'intorno chiuſo C. D. che ſerà di forma cilindrica, ò di ſolido rettangolo
paralelle pipedo, non fà caſo, pur che di eſſo vaſo A.B. la baſe ſia dupla a quella
del vaſo C. D. volendo noi, che l'acqua ſia dupla al vino. Indi a canto di eſſo
parimente ſù la iſteſſa baſe, ſia poſto come nella figura vn'altro vaſo E.F. d'ogn'
intorno chiuſo, e beniſſimo ſaldato, nel quale impongaſi vino. Et a queſti duo

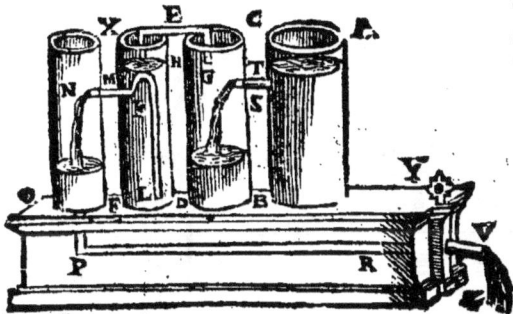

vaſi C. D.E. F. ſia comu-
ne il tubo G. H. K. da
ogni capo inclinato, e co
li diàfragrami di eſſi inſieme perforato, e beniſ-
ſimo ſaldato, ſia dopoi nel
vaſo E. F. la piegata canna L.M.N. di cui la gam-
ba interiore tanto dal
fondo del vaſo ſia diſtante quanto alla effuſione
dell'acqua è neceſſario.
L'altra gàba ſia nel vaſo
piegata, come la figura dimoſtra, e paſſi in vn'altro vaſo O.X. fuori del quale di
ſotto dal fondo di eſſo, e de gli altri paſſi per la baſe ad eſſi comune la forata canna P.R. dal vaſo O.X. al vaſo A.B. pogaſi oltre di ciò il tubo S.T. nelli vaſi A.B.C
D. con eſſo bucati, & habbia il vaſo A.B. di ſotto, e poco diſtáte dal fondo il canaletto Y. e li canaletti P. R. Y. entrino nella canna V.Z. nella quale ſia vna chiaue,
che la chiuda, e diſſerri a noſtro piacere. Tutto ciò fatto, e con la chiaue ſerrato il
canale V.Z. ſe porremo acqua nel vaſo A.B. ſe n'andrà vna parte di eſſa nel vaſo
C.D. per il tubo S.T. e conſeguentemente ſcaccierà l'aria in eſſo rinchiuſa per la
canna G.H.K. nel vaſo E.F. e queſto altro tanto vino ſpingerà nel vaſo O.X. per
il tubo L. M. N. onde aperto con la chiaue il canale V. Z. vſcirà fuori per eſſo,
e l'acqua infuſa nel vaſo A. B. & il vino, che fuori del vaſo O. X. per il tubo, ò

can-

canna P. R. ſerà portato onde hauremo quanto ſi è propoſto. E di nuouo vſcito,
che ſeranno fuori di eſſi gli humori torneranſi ad empire d'aria i vaſi per li me-
deſmi canali, ò condotti.

SE SERA' ACQVA IN VN VASO, ET IN ESSA
il canale nel quale ſia vna chiaue, & in dett' acqua nuoti vn' animale:
fare, che quant' acqua ſi cauerà del vaſo altretanto vino dalla
bocca ſpruzzi l'animale. Theorema XXV.

S Ia il vaſo dell' acqua **A. B.** nel fondo del quale ſia il ſerrato canale **C.** & in
eſſa acqua nuoti il catino **D.** nel quale ſia il tubo **E. F.** trasformato in vn'animale. Indi ſia a canto a detto vaſo poſto il vaſo **G. H.** pieno di vino, nel quale
ſia la piegata canna **K. L. M.** vna gamba della quale ſia nel vaſo **G. H.** l'altra entri
nel tubo **E. F.** che ſe per la bocca **M.** tiraremo il vino ſe ne verrà nel tubo **E. F.** ne
ſi fermarà ſin tanto, che in vna iſteſſa linea non ſerà aguagliata la ſuperficie del

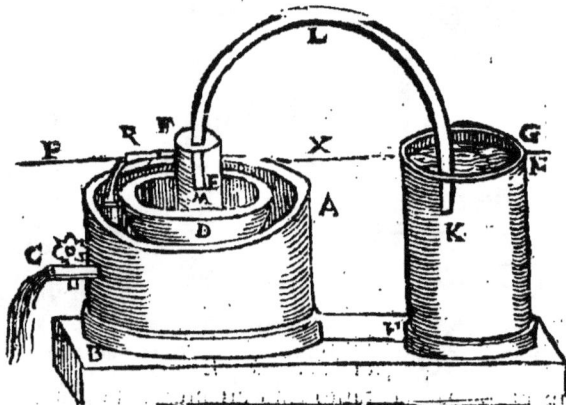

vino, che è nel vaſo **G. H.** a quella di eſſo vino nel tubo **E. F.** ſia dunque, che ſi
trouino queſte in vna retta linea **N. X. P.** e nel tubo ſiaui il canaletto aperto **R.**
fin qui fuori di eſſo non ſe n' andrà il vino: ma ſe per il canale **C.** caueremo vna
tazza d'acqua ſcenderà il catino **D.** e con eſſo il tubo **E. F.** ſi che la ſuperficie **N.**
X. verrà più baſſa della ſuperficie del vino, onde facendoſi più baſſa la gamba
della piegata canna, che è nel tubo **E. F.** vſcirà il vino fuori per il canale **R.** e ciò
tanto, e tante volte auerrà quant' acqua, e quante volte ſe ne cauerà per il canale
G. conuenendo, che tanto vino ſpruzzi lo animale, quant' acqua ſi cauerà, onde
haueraſſi quanto di ſopra ſi è propoſto.

E   *MA*

MA SE CI PIACESSE VEDERE VSCIR TANTO
vino, quanto acqua in vn vaso si porrà così . Theor. XXVI.

DI nuouo fia il vaso pieno d'acqua A. B. & il vaso pien di vino G. H. Ma il tubo E. E. fia fuori del vaso A. B. & in esso A. B. nuoti la sphera D. dalla quale deriui la fune, che passi per le due girelle S. T. & al tubo E. E. sia allegata, sì che resti sospesa. Nel resto stia ogni cosa cō le ragioni dette di sopra, che se infonderemo acqua nel vaso A. B. la sphera, ò palla si verrà ad alzare, e conseguentemēte ad abbassare il tubo E. E. fuor del quale abbassādosi per esso fluirà il vino.

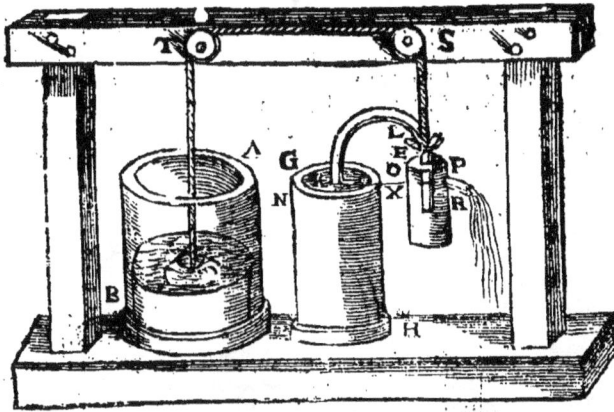

In questo altro modo ancora si può fare l'istesso: fia la fune da cui è sospesa la sphera D. che per la troclea S. passi, e si riferisca nell'altra troclea T. e per questa passando fia con essa legata alla piegata canna, che ci auerrà, che alzandosi la sphera D. verrà la canna piegata dalla fune sospesa ad abbassarsi, & abbassandosi conseguentemente a spargere tanto vino quanto acqua si porrà nel vaso, nel quale la palla nuotarà a galla.

MODO CON CHE SI ESPRIME L'ACQVA
ne gl' Incendy .   Theorema XXVII.

SIano due Modioli di legno , ò di bronzo come più tornarà commodo voti di dentro, e con il torno eccellentissimamente lauorati, sì che giustissimamente vi entrino li due emboli, ò cilindri a questo effetto con eccellenza lauorati
           . vguali

vguali in ogni ſua parte, che ſono K. L. E facciaſi, che di queſti la ſuperficie di fuo ri vada per li modioli eſattiſſimamente toccando la loro ſuperficie di dentro. Li modioli ſiano A.B.C.D. e gli emboli, ò cilindri com'hò detto li K. L. dopoi ſiano forati li due modioli l'vno ſcontro l'altro, & in eſſi buchi ſia infiſſo il tubo X. O.

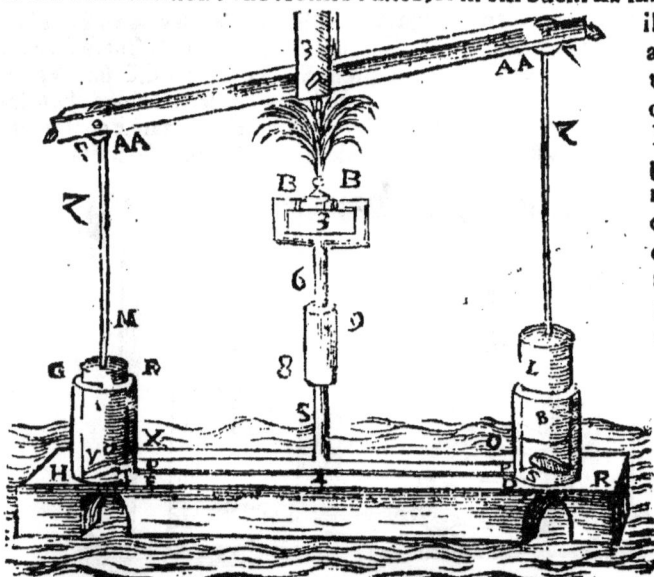

il quale habbia gli aſſarij, ouero cartelle oppoſte P. R. come nel Theor. X. ſi diſſe di ſopra, li quali s'apra no nella parte eſteriore delli modioli, & habbino nel fondo li forami rotondi S. T. con aſſari otturati, che ne li modioli s'aprino que ſti di forma ſerano come due *n n* che a guiſa di fibre, ſiano conficcati bene: acciò gli aſſiculi fuori

non poſſano vſcire, nè cauarſi a modo niſſuno; ma gli emboli, ò cilindri, che per li modioli entrano habbiano li regoli, ò verghe di ferro, ò di legno Z. le quali ſiano con fibbie ad vn'altro regolo nerboſo A. A. AA. con vn perno attaccati, come ſi vede dal 7. e queſto ſia in bilico poſto come 3. ma poſſa mouerſi aggiatamente nell'alzarlo, & abbbſſarlo. Dopoi ſia forato il tubo X. O. nel mezzo in 4. & in eſſo impoſtoui vn'altro tubo con eſſo perforato 5 & ad eſſo ſia aſſaldato vn'altro tubo dentro del quale ſia poſto l'altro tubo 6. & accommodato, come dimoſtra la figura, che è lo iſteſſo, che è quello, che nel IX. Theorema della ſfera concaua, che l'acqua verſa in alto ſi diſſe: dopoi ſia ſcambieuolmente alzato hor l'vno, hor l'altro capo del regolo AA. AA. che li regoli alzaranno li cilindri per li modioli li quali in vece di fiato tireranno l'acqua, e nel deprimeli la sforzaranno ad entrare nelli tubi, e con lo aiuto de gli aſſarij queſta non più potendo in dietro ritornare ma cacciata dalla violente forza de i cilindri, ò emboli ſe n'vſcirà per il buco BB. e la eſpreſſione faraſſi, e quà, e là, doue il biſogno ricercherà, ſe la parte ſuperiore ſerà accommodata, come ſi diſſe nel IX. Theorema di ſopra deſcritta.

NE GLI LVOGHI, OVE S'HAVRA' ACQVA

corrente per canale fabricare vn' *Animale*, ò di Rame, ò di qual altra
materia si voglia, che continuamente gridi: ma portoui vn catino
d' acqua esso la bea senza strepito, e beuuta la torni di nuouo
a gridare. *Theorema XXVIII.*

S Ia il vaso A.B. nel quale cada il flusso dell'acqua per il canaletto C.& in esso
sia la piegata canna D. E. F. ouero vn diabete spiritale, del quale la gamba
longa auanzi di sotto il fondo del vaso: sotto di esso sia posta la base d'ogn'intorno turata eccellentemente G. H. la quale anco essa habbia nel corpo, ò diabete
spiritale, ò in fles-
sa siffone M. N.
X. & alla canna
D.E.F. sia sotto-
posto lo infun-
dibulo O. P. di
cui il fondo co-
me in punta ri-
dotto entri nel-
la base G.H. ma
stia però la pun-
ta di esso tanto
distante dal fon-
do quanto per il
flusso dell'acqua
parrà sia a suffi-
ciéza, e sù la ba-
se sia l'animale
R. nel corpo del
quale passi vna
canna, ò per vn
piede, ò per qual
che altra parte
di esso coperta
in modo, che
non se ne aneg-
ga alcuno, e pas-
si nella base

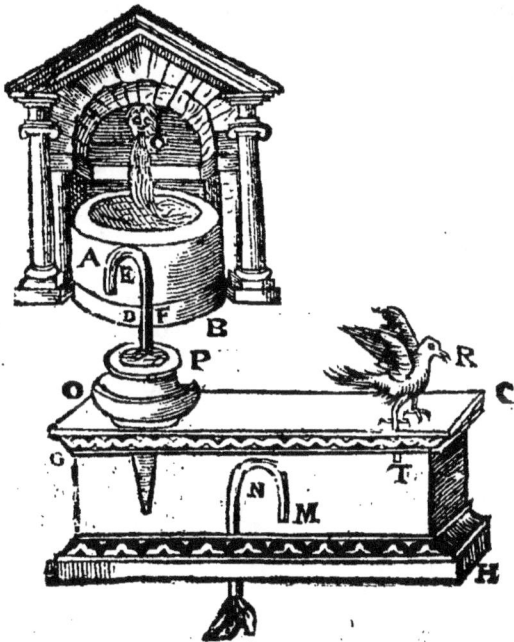

ocultamente, questa sia R.T. che quando il vaso A.B. serà pieno d'acqua questa
per la piegata canna D. E. F. caderà ne lo infundibulo O.P. e riempirassi la base
G. H. & voterassi il vaso A.B. e mentre l'acqua cadente da lo infundibulo O.P.
empirà la base G.H. e l'aria, che è in esso se n'vscirà per la bocca R. ma ripiena la
base per il soprafluente humore questa voterassi per la piegata canna M. N. X.

e men-

e mentre ch'ella ſi vuoterà l'aria di nuouo entrarà per la bocca **R.** riempiendo
quel luogo, che l'acqua andrà cedendogli; onde accaderà, che ſe porgeremo alla
bocca dell'animale **R.** vna tazza di acqua piena eſſo l' aſſorbirà; perche come di
ſopra ſi diſſe, non ſi concede luoco vacuo nelle coſe di natura, tal che l' acqua
verrà dalla violenza dell' aria tirata nella baſe per la bocca **R.** fin che del tutto
ſerà eſinanita la baſe. Onde ſe di nuouo s'andrà riempiendo d'acqua il vaſo **A. B.**
ſeguirà di nuouo anzi continuamente ciò, che di ſopra ſi è detto. Ma perche
a tempo (mentre ſi vota la baſe) porghiamo la tazza all'animale, facciaſi in modo, che per la effuſione delle canne **M. N. X.** l'acqua cadendo ſopra qualche coſa,
che ſi moua intendiamo quando è tempo di porgergliela.

COME IN ALTRO MODO VOLGENDO VNA CHIAVE
per opera dell'effuſione di vn'acqua ſi faccia a voglia noſtra bere lo
iſteſſo Animale. **Theorema XXIX.**

DI nuouo ſia la baſe d'ogn'intorno chiuſa A. B. C. D. la quale a mezzo habbia vn fondo, ò diafragma, come lo chiamano i Latini, e ſù la ſuperficie
ſuperiore della baſe poſi l'animale, a cui per vna gamba, ò per qual ſi voglia altra
parte di eſſo più occultamente, che è poſsibile paſsi la canna dalla parte inferiore della baſe alla bocca di eſſo animale E. F. G. & eſſa parte inferiore della baſe

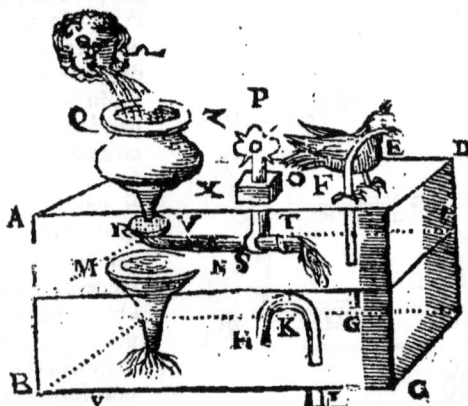

habbia lo ſpiritale diabete, ò piegata canna H. K. L. vna gamba
della quale di ſotto dal fondo di
eſſa baſe auanzi alquanto; e nella
parte ſuperiore di eſſa ſia lo infundibulo M. N. lo acuto fondo del
quale paſsi nella parte inferiore
alquanto dal fondo diſtante, e ſopra la ſuperficie della baſe A. B.
C. D. pongaſi vn'altra baſe X. O.
nella quale ſia ficata la chiaue R.
T. la gamba della quale paſſando
per P. nella parte ſuperiore della
baſe habbia vn' occhio nel quale
ſia infiſſo il tubo T. V. che nella

eſtremità, habbia vna tazzetta R. V. ad eſſo attaccata, e con eſſo bucata, & il tubo ſia tanto lungo, che voltata la chiaue la tazzetta R. V. venga a porſi ſopra
perpendicolarmente allo infundibulo M. N. ma alquanto ſopra di eſſo: e ſopra
le baſe ſia il catino Q. Z. poſto giuſtamente al dritto dell'infundibulo M. N. e ſia
con la baſe forato, & in eſſo catino cada la infuſione dell'acqua, la quale ſia maggiore della effuſione, che faraſsi per la canna piegata H. K. L. che l'acqua predetta paſſerà per lo infundibulo M. N. nella parte inferiore della baſe A. B. C. D.
ſcacciandone l'aria, che in eſſa ſi contiene per la canna E. F. G. e la baſe ſempre
ſerà

ferà d'acqua ripiena;perche la infufione ferà maggiore della effufione; E quando volgeremo la chiaue la tazzetta R. V. verrà a porfi fopra lo infondibulo M. N. e riceuerà l'acqua della infufione nel catino, la quale per il tubo T. Y. paffarà in altro luoco, nè potrà nella parte inferiore della bafe paffare per l'altezza, e dello infondibulo M. N. & in tanto per la inflella fiffone H. K. L. votatafsi la parte inferiore della bafe, e per il tubo E. F. G. di nuouo v'intrarà l'aria; onde porgendofi vn vafo alla bocca dell'animale effo berà di nuouo.

COME SENZA FLVSSO D'ACQVA, O VOLGER CHIAVE fi faccia bere il fopradetto Animale. *Theorema* XXX.

SIa che habbiamo vna bafe A. B. C. D. e la bocca dell'animale fia in E. per il petto del quale, e per vno de i piedi, ouero per la coda fia pofto la canna forata E. H. G. con l'vn capo infiffa nella parte interiore della bafe, quefta fia immobile fermata nella bafe, & il tubo, ò canna E.H.G. che come hò detto paffarà

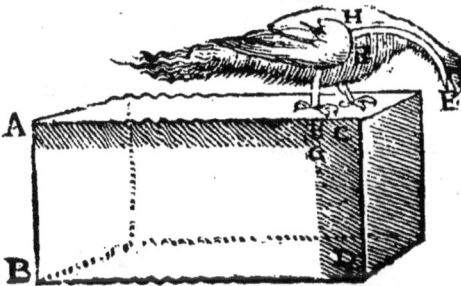

per lo animale con vn picciolo, & a pena apparente buco fia forato in H. che auerrà, che fe altri per via di qualche tubo per di fopra l'eftremità del quale fia nel buco oue H. riempirà effo tubo E.H.G. effo reftarà pieno; perche le bocche di effo E. G. fono in perfetto piano, & H. e giuftifsimamente bucato nel mezzo, ondefe rimoffa di H. la tazza inclinaremo più l'vn capo della piegata canna, che l'altro, che fia diciamo G. ferà, che diuentando maggiore la parte della canna G. che anche per quefto haurà forza di attrahere l'acqua, che ferà portata nella bafe A. B. C. D. E per quefta ragione non occorrerà, che la bafe fia d'ogni intorno chiufa.

ALLE PORTE DE I SACRI TEMPII DE GLI EGITII fi fanno volgibil ruote, che dagli entranti nel Tempio fono voltate, e dopo le porte fono vafi, che nel volger di effe ruote fpruzzano acqua, & afpergonogli entranti, & in quefto modo fi fabricano. *Theor.* XXXI.

SIa il vafo dopo la porta nafcofto A. B. C. D. Bucato nel fondo con il forame E. e fotto il fondo adattifi la canna F.G.H.K. che habbia anch'ella vn forame fotto l'E. e dentro di effa fia vn'altra canna M. ferrata: ma vuota di dentro

come

come l'altra,anco eſſer debbe queſta,& anco ella habbia vn buco al dritto del E.
e frà le due dette canne vn'altra ſe ne accommodi N. O. R. ma in maniera, che

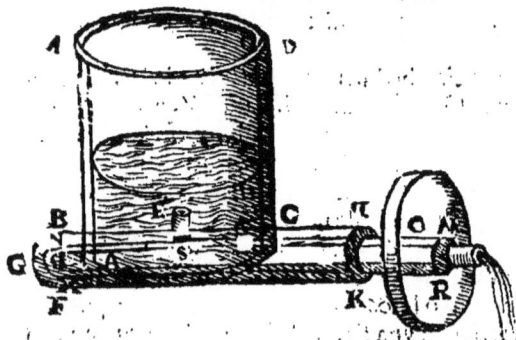

détro di eſſa vna, e fuo-
ri vn'altra ſia con eccellenza ad eſſa aglutinate
quáto è poſsibile,e que-
ſta habbia ella ancora
ſotto la regione del E. il
buco S. che ſtando, che
il vaſo A. B. C. D. ſia
pieno di acqua ſempre,
che li buchi E. P. S. ſi ri-
ſponderanno l'acqua
per la canna L. M. ſe
n' vſcirà : ma ſe tanto
volgeraſsi la canna N.
O. R. che il pertugio S.
nõ più ſtia ſotto il buco
E. nõ ſpruzzarà l'acqua,
ma facciaſi la canna N.

O. R. congionta alla ruota,che nel ſpeſſo volgerla l'acqua ſempre fuori ſpruzzarà, ò molta,ò poca come ad altri piacerà, e come s'intende.

---

*PER LA BOCCA DI VN VASO SI PVO IN ESSO PORRE
più ſorte di vino, e per vn'iſteſſo canale cauarne ciaſcun di loro a compiacenza di chi elegerà qual ſi voglia, anzi che ſe molti molte ſorte di
vino vi porranno potrà ciaſcuno hauere il ſuo proprio, e ſpecialmente tanto quanto di ciaſcuno vi ſerà dentro poſto.*

Theorema XXXII.

IL vaſo ſerrato ſia A. B. C. D. che intermezzato habbia il collo con il diafragrama E. F. e ſia anco cõ intermezzi diuiſo il vaſo in tãte parti quanti ſerano
generi del vino, che di porni dentro ſerà neceſſario, e per eſſempio, ſiano i diafragrami, ò intramezzi C. D. G. H. acciò che tre luoghi ſiano l'vno dall'altro ſe-
parati. Ne' quali ſi poſſa porre il vino:ma ſia bucato il diafragrama E. F. al dritto di ciaſcuna parte delli vaſi, ò luoghi diſtinti da i diafragrami C. D. G. H. con
ſpeſsi, e minuti buchi è facciaſi di più li tre forami O. P. R. dalli quali ſorgano
i tubi P. S. O. T. R. V. nel collo con eſsi perforati, e d'intorno a ciaſcun tubo ſiano
nel diafragrama E. F. buchi minuti a foggia di cribro, ò criuello per li quali entri l'acqua, ò vino, ne' ſuoi proprii luoghi: e quando riempir gli vorremo di qua-
lunque vino chiuderemo con le dita li ſpiracoli S. T. V. e poi poſto il vino nel collo del vaſo, che perche l'aria contenuta da i luoghi detti non haurà egreſſo non
calerà il vino in niſſun luogo, fin tanto, che non ſchiuderemo i ſopradetti ſpiracoli

coli S. T. V. vno de quali rimeſſo per il buco ſopradetto ſe ne vſcirà l' aria, che è nel luogo frà li diaframmi, oue è il tubo, & v' intrarà il vino per li buchi, e di nuouo chiuſo lo aperto ſpiracolo, & apertone vn' altro, vn' altra ſorte di vino infonderemo in eſſo, & il ſimile s' intende de gli altri ſiano quante ſorti ſi vogliano di vino, che di tante eſſer denno quanti ſono i luoghi nel vaſo, fuori del quale ſeparatamente. Caueremo ciaſcuno di eſſi per vn medeſmo canale in queſto modo.

Sia nel fondo del vaſo A.B. per ciaſchedun ſpatio, oue ſono i vini, vn tubo, come dello ſpatio M. eſca ne il tubo Q. dello ſpatio N. il tubo Z. e dell' altro ſpatio X. ſia il tubo I. Dopoi ſia l'altro tubo I.K. dentro dal tubo Y. ☿. impoſto cō diligēza eſtrema, ſi che l' vno nell' altro, e l'altro intorno all'vno ſtiano adattati beniſſimo, & il tubo K. dētro dal tubo Y. ☿. ſia impoſto, e tirato nella parte interiore Y. ma habbia i forami al dritto delli buchi de i tubi Q. Z. I. & in modo, che riuoltato il tubo K. li buchi di eſſo da ciaſcuno delli ſuperiori, pigli il vino, che in ciaſcū di eſſi ſi troua, e per la bocca eſteriore del tubo I. K. eſca, ma ſiaui congionta la verga di ferro 3.4. che paſſi per il tubo K. & al capo della verga ſia di piombo attaccato il peſo 6. dall' altro capo ſiaui vna fibbia di ferro, dalla quale penda la

tazzetta vuota la parte concaua della quale guardi del vaſo alla parte ſuperiore; ma la tazzetta habbia nel ſuo concauo tre luoghi diuerſi, vno in fondo vno a mezzo l' altro di ſopra, ſiano dopoi fatte tāte palle di piombo vna maggior dell'altra quanti ſerāno i luoghi delle varie ſorti di vino, che capiſcono nel vaſo, che quì ſi notano ſolo tre M. N. X. per eſſempio, che auerrà ponendo la minor palla nella tazzetta, che per eſſer graue per ſua natura tenderà al baſſo volgendo il tubo I. K. fin che il tubo di eſſo ſia nella regiòne ſotto la bocca del tubo Q. che all' hora n' vſcirà il vino, che nella parte oue eſſo buco riſponda ſi

trouarà, ſe non ſerà detta palla leuata. Il che, ſe ſerà ſub' intrato il peſo 6. ritornādo a baſſo volgerà il tubo chiudēdo il pertugio: onde più non vſcirà il vino ſe però non ſerà tutto vſcito fuori, e ſe di nuouo vna palla più graue della già leuata nella tazzetta porremo più a baſſo per il ſuo peſo calādo apriraſſi vn' altro buco (che giuſtamente nel farli ſi denno terminare) e d'vn'altro luogo n' vſcirà il vino, che ſe quello vſcì per la parte Q. queſto vſcirà Z. per. & di nuouo leuata la palla ritornerà al ſuo luogo, e chiuderaſſi il buco: onde più nō vſcirà il vino, ſe poi anco di nuouo porremo nella tazza la terza palla più gāue dell'altre, non è dubbio,

bio.

bio, che calando a baſſo aprirà il buco della region X. & il vino di eſſa parte
vſcirà fuòri. Onde ſi vede, che ſi come la minor palla poſta nella razza sforza il
peſo E. che altro non è che volgere il tubo I.K. coſi anco far denno l'altre.

FABRICARE VNA LVCERNA,
Che per ſe ſteſſa ſi conſumi. *Theorema XXXIII.*

SIa la Lucerna A. B. C. Nella bocca della quale ſia la fibbia di ferro D. E. che
in punto E. ſi moua liberamente, e ſopra detta fibbia, ò intorno ſiaui circon-
uoluto lo ſtoppino; ma in modo, che facilmente poſſa ſcorrere: facciaſi dopoi che
il ruletto dentato F.
ſi moua eſpedita-
mente intorno il ſuo
aſſiculo, e li denti-
culi di eſſo conten-
gano i denti della
fibbia; ma in modo
che volgendoſi eſſo
lo ſtoppino per i dé-
ti della fibbia ſia
ſpinto inanti; ma la
Lucerna conuien,
che habbia commo
damente grande il
ſuo corpo. Et infu-
ſoui oglio in eſſa
nuoti il catino G.
nel quale ſia infiſſo
il regolo H. dentato,
anco lui, ma in modo, che i denti di eſſo ſiano in quel del ruletto implicati. Che
conſumandoſi l'oglio calerà a baſſo il catino il quale calando con li ſuoi denti
volgerà il ruletto F. & in queſto modo faraſſi lo ſtoppino inanti per ſe ſteſſo.

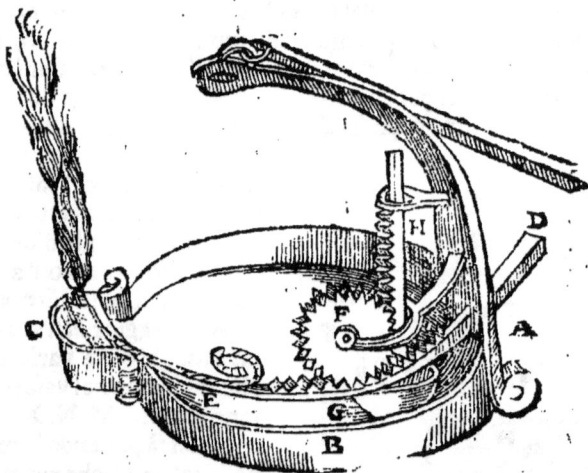

SE IN VN VASO, CHE HABBIA VN CANALE APERTO
preſſo il fondo porremo acqua, far a voglia noſtra vſcire per eſſo canale acqua nel principio, alle volte nel mezo, & alle volte quando ſera ripieno tutto il vaſo; ouero che in generale, ſubito ripieno il vaſo l'acqua ſe ne vſcirà. Theorema XXXIV.

HAbbia il vaſo A. B. il collo intermezzato da vno diafragrama per il quale
ſia poſto vn tubo ad eſſo ſaldato diligentemente in modo, che non vi en-

F   tri

tri aria,& eſſo tubo ſia C.D. che tanto ſia dal fondo diſtante quanto per il fluſſo dell'acqua ci parerà,che baſti,& in eſſo vaſo ſia la inſleſſa ſiffone E.F.G. la gamba interiore della quale dal fondo di eſſo vaſo ſia diſtante quanto baſterà per il fluſſo dell'acqua, l'altra gamba fuor di eſſo vaſo auanzi, & in vn canale ſia (come dalla figura ſi può comprendere) ridotta, che fuori porga ; ma la cutuità della ſiffone ſia preſſo il collo del vaſo , & eſſo vaſo habbia lo ſpiracolo H. preſſo il diafragrama ; ma che nel vaſo riſponda, che ſe in principio vorremo , che corra il canale chiuderemo lo ſpiracolo H.cõ vn dito;perche, non hauendo l'aria rinchiuſo nel vaſo eſito alcuno, prorómperà , e sforzerà per la piegata canna vſcirne l'humore , & non chiudendo lo ſpiracolo l'acqua ſcéderà nel corpo del vaſo ne ſpargerà il canale fin tato,che di nuouo non ſia chiuſo lo ſpiracolo ; ma ripieno il vaſo,e rimeſſo eſſo ſpiracolo per le ragioni in altro luogo allegate tutto l'humore ſe ne vſcirà.

FABRICARE VN VASO NEL QVALE
infondendo humore lo riceuerà , non infondendoui più acqua
più non riceuerà. *Theorema* XXXV.

Sia il collo del vaſo A.B. chiuſo con il diafragrama C.D. per quale paſſi il tubo E.F. l'vn capo del quale ſia dal fondo di eſſo vaſo poco diſtante, dall'altro capo ſopra il tramezzo , ò diafragrama ſia eſſo tubo , quaſi in pari del labro del vaſo intorno a queſto ſiaui circompoſto l'altro tubo G.H. tanto dal tubo primo, e dal diafragrama diſtante quanto per il fluſſo dell'acqua può baſtare, come nella ſeconda di queſto ſi diſſe,e la parte di eſſo tubo G.H. ſia con vna ſquama turato, & il vaſo habbia lo ſpiracolo K. che nel ſuo corpo riſponda ; che quando nel collo infonderemo acqua auerrà,che ella calerà nel corpo del vaſo per il tubo G. H. e per E.F. vſcendone l'aria,che dentro vi ſerà per lo ſpiracolo K. il quale chiuſo ſe ſi fermaremo d'infondere acqua , e che ſia vuoto il collo del vaſo, l'aria abrumperà la ſua continuità per ritornare nella natural ſottilità ſua ; per il che l'acqua l'acqua che ſerà nel tubo G.H. ritornando in dietro caderà ſù'l diafragrama; ma ſia la larghezza del tubo G. H. tale, che l'acqua per la ſua grauità ricada in die- tro, che ſe di nuouo tornaremo ad infonderui aequa, l'aria, che ſerà nel tubo E. F. raccolta, non permetterà, che dentro vi entri; ma ben infondendoui acqua eſ- ſa ſe ne andrà per di ſopra de gli orli del vaſo.

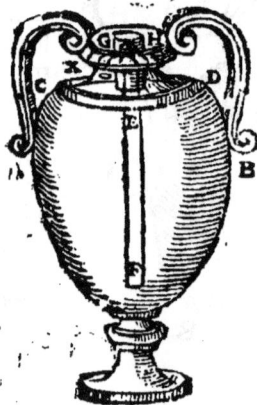

SOPRA VNA BASE PVO' POSARSI VN SATIRO,
Che tenga nelle mani vn Vtre, ſotto il quale vi ſia vn Auello, il quale ſe ſerà d' acqua ripieno eſſa per l'Vtre caderà nel detto Auello; ne mai fluirà a gli orli del vaſo, fin che tutta l'acqua per l'Vtre non ſerà euacuata, & il modo di fabricarlo ſerà queſto.
Theorema XXXVI.

SIa la baſe turata beniſſimo d'ogni intorno A. B. ò di forma quadrangolare, ò cilindrica, ò ottogna, ò come meglio toruerà quanto all'ornamento bene. Queſta ſia a mezzo diuiſa da vn diafragrama, ò tramezzo per il quale paſſi il tu- bo E.F. con eſſo forato, dal coperto diſtante alquanto; ma per eſſo coperto pon- gaſi il tubo H. che riſponda nell'auello ſopra il coperto, & in H. tanto ſia diſtante dal fondo quanto parrà ragioneuole per il fluſſo dell'acqua, pongaſi dopoi vn' altro tubo K. L. che ſimilmente paſſi per il coperto del vaſo, e ſtia ſopra il tra- mezzo poco da eſſo lontano; ma ſaldato eccellentemente ad eſſo coperto ſopra gel quale, come ſi vede s'alzi; cada nell'auello l'effuſione dell'acqua, che di eſſo

F 2 vſcirà:

vícirà:fatto queſto ſia riempito d'acqua il vaſo A.D. per lo ſpiracolo N.e ſubito
ripieno il vaſo ſia turato eſſo ſpiracolo,che ciò fatto,ſe porremo acqua nell'auello eſſa ſcenderà per il tubo G. H. nel vaſo B, D. e l'aria ſe ne vícirà per il tubo E.

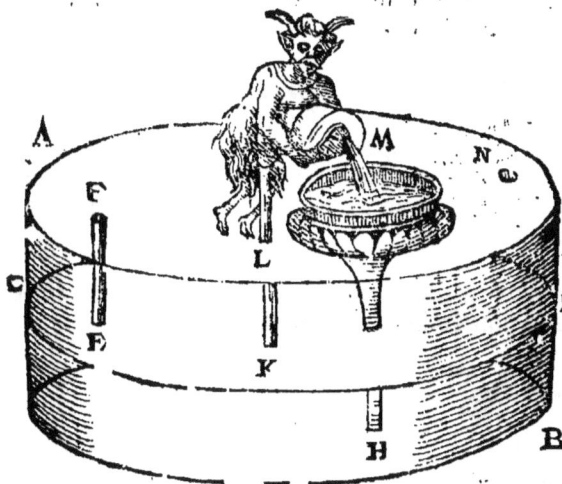

F.& entrando nel vaſo A.
D.sforzerà l'acqua da eſſo
contenuta ad entrare nel
tubo K. L. & a cader nell'
auello per il tubo del quale portata di nuouo nel va
ſo B.C. sforza ſimilmente
l'aria contenuta da eſſo,
e queſta di nuouo còſtrin-
ge l'acqua che è nel vaſo
A. D. per forza a cadere
nell' auello, il qual moto
durerà fin tanto, che l'acqua contenuta dal vaſo A
D. tutta ſe ne ſerà vícita.
Biſognerà dunque accom-
modare il tubo K. L. M.
che per la bocca dell' vtre
paſſi, e che la bocca M.
tanto picciola ſia, che queſto moto duti vn pezzo.

---

*FABRICARE VN' ALTARE SOPRA DEL QVALE
acceſo vn fuoco s'aprino ſubito le porte di vn Tempio eſpento il fuoco
ſubito tornino a rincbiuderſi. Theor. XXXVII.*

SOpra vna baſe A.B.C.D. ſia fabricato l'altare E. O. per il quale paſſi il tubo
E.G.la bocca del quale E. ſia nel corpo di eſſo altare,e la bocca G. in alcuna
íphera concaua, ò vuota come vogliam dire, queſta ſia H. e ſia ſaldata non nel
diametro perpendicolare di eſſa palla;ma alquanto da eſſo diſtante, poi pongaſi
la infleſſa ſiffone K. L.M. in detta ſphera, e s'allunghino i cardini delle porte
nella parte inferiore della baſe, queſti eſpeditiſſimamente ſi volgano sù i loro
centri, che ſono nel fondo della baſe A. B. C. D. & intorno ad eſſi cardini ſiano
relegate,ò rauolte alcune funi, ò catenelle, per la troclea P.paſſino,e ſuſpendàno
il vaſo concauo N. X. ſiano poi ancora ad eſſi cardini auolte altre catenelle al
contrario delle ſopradette vn capo delle quali paſſi per la troclea, e ſuſpenda la
grauità R.la quale nel deſcendere chiuda eſſe porte,e facciaſi,che la infleſſa ſiffone habbia la gamba eſteriore nel ſuſpeſo vaſo X.N. e nella ſphera ſia vn forame Z. per il quale eſſa ſi riempia d' acqua fino a mezzo, e ſubito ſia turato eſſo
buco:

buco, che mentre il fuoco acceso sopra lo altare arderà sforzarà l'aria, che è in
esso corpo dell'altare ad entrare nella sphera per il tubo F.G. la quale in essa entrando sforzerà l'acqua ad vscirsene per la siffone K. L. M. e cadere nel vuoto
vaso sospeso dalla fune, ò catenella, che passa per la troclea P. il qual vaso ripieno,
che serà d'acqua;perche ogni cosa graue tende al basso andarà in giù tirando la
fune dalla forza della quale sforzati i cardini s'apriranno le porte: Ma di nuouo
est into il fuoco l'aria, attenuato se n' vscirà per la rarità del corpo della sphera,
e la inflessa siffone K.L.M. attraherà fuori del suspeso vaso l'acqua, e di nuouo
essa tornatà nella palla, ò sfera concaua;perche l' estremità della gamba esteriore M. serà nell' acqua immersa, che del suspeso vaso serà contenuta, & auerrà,
che vuotandosi il vaso, e per questo fatto più leggieri: il peso R. scenderà al basso, e chiuderà le porte, che è il proposto.

Sono alcuni, che in luogo dell' acqua oprano lo hidargiro, perche egli è più
graue dell' acqua, e dalla calidità facilmente vien risoluto.

IN ALTRO MODO ANCORA ACCESO VN FVOCO
sopra vn' Altare si fanno aprire le proposte porte. **Theor. XXXVIII.**

Sla la porta, che soprasti alla base A. B. C. D. sopra la quale sia l'altare E. e per
l'altare il tubo F. G. H. passi, e ponga capo nell' vtre K. il quale sia benissimo
d'ogni intorno chiuso a questo sottopongasi il peso L. che da vna fune, ò catena
sospeso sia con il mezzo di vna girella appeso alle funi, ò catene inuoltate come
dalla figura si vede a gli cardini, sì che abbassandosi l' vtre cali il peso L. che nel
calare a basso tirerà le funi, ò catene; le quali rauolgēdo i cardini chiudano le porte; ma acceso sopra l'altare il fuoco s'apriráno; perche l'aria, che è nel corpo del-
l'altare dal calor del fuoco cacciato, calerà nell' vtre per il tubo F. G. H. e lo tirerà
a se, e con lui il peso L. onde si apriráno esse porte; ouero, come si sogliono le porte dei Bagni si faccia, che per se stesse si serrino, ouero habbiano il peso contraposto, che le apra; perche spento il fuoco l' aria, che nell' vtre entro ritornerà al
suo luogo: onde scendendo esso vtre, e con lui il peso serrerannosi dette porte.

RI-

RIPIENO DI VINO VN VASO, CHE HABBIA

tre canali, fare, che quel di mezzo eſca vino, e quando in eſſo vaſo giungeraſſi acqua, che ſi fermi il fluſſo del vino; ma ſe n'eſca l'acqua per gli altri due canali, e fermata eſſa acqua, ritorni ad vſcirſene il vino, e che queſto tante volte ſia quante volte ci piacerà. Theorema XXXIX.

IL Vaſo ſia A.B. che traverſato habbia il collo con il diafragrama C.D. e nel fondo di eſſo vaſo ſiaui il canaletto E. indi facciaſi, che per il diafragrama paſſino due canne F.M. e K.H. le quali nel fondo del vaſo finiſcano in due canaletti, che fuori ſporghino alquanto come in H.M. ſi vede, & verſo il principio loro ſopra il diafragrama ſiano poſti due altri tubi N.O. coperti con vna ſquama nella parte ſuperiore; ma dalla ſuperficie del diafragrama facciaſi, che tanto ſtia-

no diſcoſti quanto parrà baſtare al fluſſo dell' acqua (queſto effetto fa-rà anco la infleſſa ſiffone) ſia ſimil-mente poi ancora nel mezzo di eſſo vaſo poſta la canna forata con il diafragrama, & ad eſſo ſaldata be-niſſimo queſta ſia P.Q. ſopra la qua le pongaſi il tubo R.S. chinſo nella parte di ſopra, e come gli altri due cioè N.O. alquanto alti dal diafra-grama poſcia ſia turata la bocca del canaletto E. e per alcun forame, co-me T. ouero per la bocca della ſiffo-ne Q. leuatone il tubo R.S. ſia il cor-po di eſſo vaſo ripieno di vino; indi turato il buco T. ouero tornalo al ſuo luogo il tubo R.S. indi diſſerra-to il canaletto E. ſe ne vſcirà il vino, perche l'aria per il tubo R.S. entrã-do paſſarà nel vaſo per la canna Q. onde eſſo ſe ne vſcirà; ma ſe il collo, ò la parte del vaſo ſopra il diafra-

grama ſerà da noi ripiena di acqua, nè più potrà entrarui l'aria; onde il vino non potrà (per le ragioni altroue dette (vſcire più fuori, e perche conuiene, che li tubi N.O. con le canne F.M. e K.H. ſiano alquanto più baſſi dell'orlo del vaſo, eſſo riempito di acque, conuiene, che ſe ne vada fuori per le ſue canne F.M.K.H. nè più vſcir potrà il vino fin tanto, che tutta l'acqua non ſe ne ſia vſcita fuori: il che fatto ſeguirà, che di nuouo per il tubo R.S. e per la canna Q. vi entrarà l'aria; on-

de di nuouo il vino fe ne vfcirà per il caualetto E. Ma auertiscafi,che effa canna
Q.con il tubo R.S. fiano alquanto più alti dell'orlo del vafo, altramente fegni-
rebbe che l'acqua per efsi entrarebbe nel vafo A. B. e fe ne vfcirebbe il vino
adacquato; ma fatto come di fopra feguiranno li fopra notati effetti.

SE SOPRA VNA DATA BASE SI FARA' VNA MACCHIA
di arbori & in effa fi auuiluppi vn Drago, & all'incontro di effo vn Hercole
in atto faggittante, fe alcuno leuerà dalla bafe vn pomo con vna mano
far che Hercole faetti il Dragone, & effo Dragone mandi in
quefto a vn Sibilo.   Theorema   XL.

Sia la propofta bafe d'ogni intorno chiufa A. B. di cui il corpo fia intramezzato con il diafragama C. D. al quale fia congiunto vn cono E. F. e concauo, e mutilo, ò come diciam noi vuoto e pieno, ò mafchio, e femina, & il minor

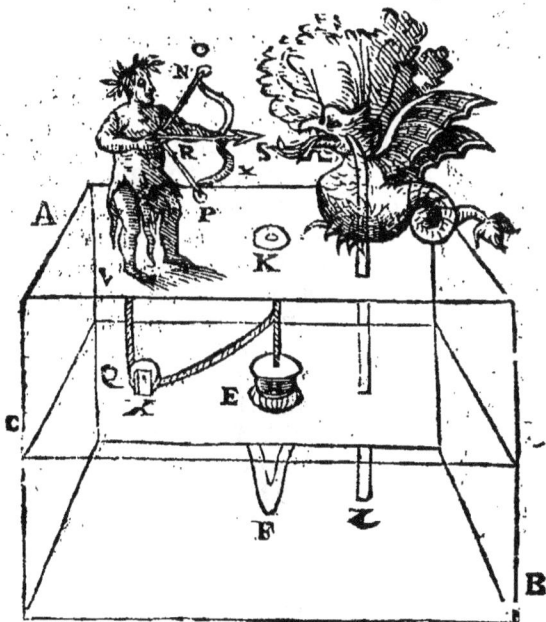

circolo della femina, ò del
vuoto F. fia aperto verfo
il fondo, & aggiunga ad
effo tanto difcofto, quanto potrà per il fluffo dell'
acqua baftare in quefto
vuoto vi entri efattamen-
te il cono fodo, ò mafchio
N. al quale fia legata vna
fune, ò catenella, che dal
pomo K. fopra la bafe po-
fto penda, e fia co vn buco pertugiata la bafe, e lo
Hercole habbia nelle ma-
ni l'arco corneo, che tefa
habbia la corda quanto
bafti per mandarne vna
faetta, e la deftra, e la fini-
ftra mano di effo fia in
maniera accommodata,
che sù l'arco tefo poffa
agiatamente ftarui la fae-
ta S. indi doue la deftra
piglia la corda, ò neruo dell'arco fiaui legata vna fune, ò catenella R. che per il
braccio, e per il corpo, & ouero per la pelle del Leone, ò per vna gamba di effo,
che vuoto conuien, ch'egli fia, e per il coperto della bafe pafsi, & entri in vna
trocfea, ò girella faldata fopra il diafragama, e fia quefta legata alla fune, ò catenella.

tenellá, che tiene il mutilo, ò il maschio H. appresso al pomo K. indi pongasi sopra la base la macchia di spini, ò altri arbori, & in essa il Drago nel corpo del
quale sia accommodato il tubo, ò canna, che per la bocca di esso sibili, e questa
passi per il coperto, e per il diafragrama della base; ma ad esso diafragrama asal-
dato sia sì che il fiato conuenga entrare nella canna Z. indi sia ripiena la parte di sopra della base d' acqua per alcun foro, che vi si faccia: indi lieuisi il pomo
K. che non solo si alaerà il cono: ma si verrà a tirar il neruo dell' arco O. N. X. P.
& in questo mentre per il vuoto cono entrando l'acqua sforzerà l'aria a vscirsene per la canna, che termina nella bocca del Dragone; onde esso sibilarà; indi la-
sciato il pomo scoccherà l'arco, e la saetta ferirà il Dragone, e scendendo il maschio H. nella femina E. F. cesserà il sibilo; perche serà chiuso il buco F. onde l'acqua non più potrà entrarui: facciasi dopo questo, che mediante alcuna chiaue si
possa per alcun canale vuotar la parte del vaso C. D. B. lasciandoui per alcun buco entrar l'aria; ma subite chiudasi eccellentemente, e l'vno, e l'altro, e di nuouo
operato come di sopra il proposto farà lo effetto desiderato.

FABRICARE VN VASO, CHE SEMPRE CHE SIA
_versato darà egual misura dell' humore contenuto da esso, che a punto si
chiama vaso di giusta misura._   _Theorema XLI._

Sia il vaso infrascritto il collo del quale sia intramezzato con vn diafragrama, e nel fondo di esso; pongasi vna concaua sphera, che in se
stessa tanta quantità d' humore capisca, quanta
vorremo trarne per ogni volta; indi passi per il
diafragrama nella sphera vna suttilissima canna
bucata insieme con il diafragrama, e con la
sphera, e nella parte inferiore della sphera
siaui fatto vn picciolo pertugio F. dal quale
partendo il tubo F. G. vada a congiungersi in G.
che è l' orecchia di esso vaso la quale serà, come
detto tubo bucata, & a canto il pertugio F. ne sia
fatto vn' altro L. il quale tenda nel corpo del vaso, & il manico habbia lo spiracolo H. il quale
turato per vn buco (che poi dopo, che serà pieno
il vaso chiuderassi) sia esso vaso ripieno, ò di acqua, ò di vino come ci piacerà, ouero; il che serà
lo istesso riempirassi il vaso per il tubo D. E. pur
che nel vaso vi sia vn pertugio per il quale l'aria
se ne esca, e similmente empirassi la sphera di hu-
more, se adunque (che è il proposto) versaremo il vaso aprendo lo spiracolo H.
l'humore contenuto dalla sphera, per il tubo, D. E. se ne vscirà fuori, e se di nuo-

G   uo

no chiufo lo fpiracolo dricciaremo il vafo in piedi la fphera, & il tubo D.E. torneranno ad empirfi:perche l'aria che è in.effa fphera per la bocca D. vfcendo darà luogo all'humore, che in effa di nuouo entrarà, e di nuouo verfato il vafo la medefma quantità d'humore ne traremo. Se però non vi foffe la differenza del tubo D.E. il quale non fempre potrà impirfi, ma nel vuotarfi il vafo anco effo rimarrà non fempre pieno, è vero che quefta differenza ferà, come che infenfibile.

CON IL FIATO ESPRIMERE IN QVESTO
modo l'acqua fuori de i vafi. *Theorema XLII.*

TRamezzato il collo di vn vafo con vn diafragama fia pofto in effo vn tubo alquanto diftante dal fondo: ma chiufo, e ferrato ad effo diafragama, ò alla bocca dal vafo, che è il medefimo : ma effo tubo alla bocca di detto vafo

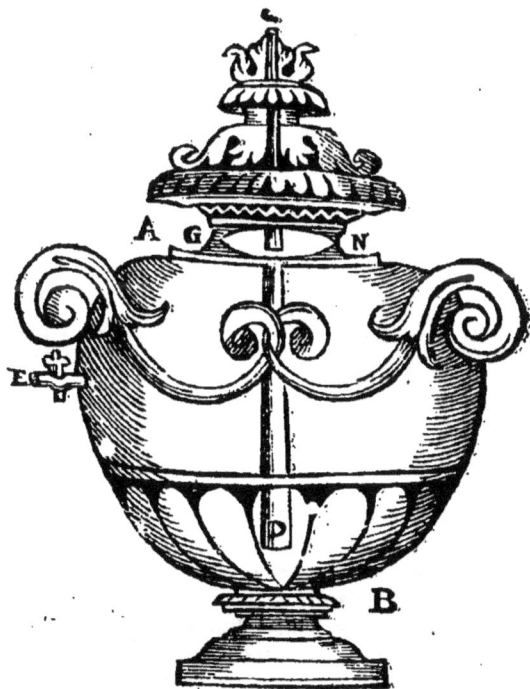

habbia il foro picciolifimo; ma maggiore verfo il fondo del vafo alquanto, indi per alcun buco ripieno il vafo d'humore, e chiufo il pertugio del tubo alla bocca
del

del vaso , e per vn'altro enfiato con vn mantice. Il corpo del detto vaso, e poscia
subito chiuso con vna chiaue, & aperta la bocca del tubo per essa bocca l'acqua
salterà fuori sforzata dal compresso aria, che per forza hauerem cacciato nel vaso per il buco già serrato con la chiaue, fin tanto che essa aria serà ritornato in
sua natura sottile com'è forza, che sia naturalmente. Il vaso è **A. B.** Il tubo **C. D.**
la chiaue **E.** & il diafragrama **G. N.**

FORMAR VARIE VOCI DI VARII VCCELLI
in più distanze. Theorema XLIII.

F Acciasi vn vaso d'ogni intorno chiuso A. B. sopra del quale pogasi lo infondibulo C. la ceda del quale D. tanto dal fondo di esso vaso sia distante, quanto al giuditio nostro parrà conueniente per il flusso dell'acqua sopra lo infondi-

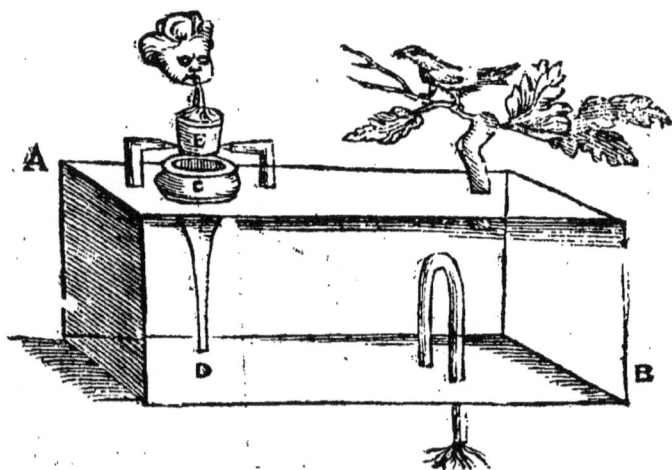

bulo pongasi il vaso E. frà due poli stretto ; ma che però per essi leggiermente si
volga come la figura dimostra , & esso vaso nel fondo habbia vna grauità sù la
quale cada l'acqua acciò necessariamente vuoto , che serà d'acqua stia sempre
dritto. Che stando la grauità del fondo di esso vaso, quãdo esso serà pieno si verserà, essēdo sù i poli detti nell'infōdibulo, e di questo passarà nel vaso A. B. cacciandone l'aria per alcuna canna accommodata come di sopra si disse nel Theorema XIIII. vuotisi poi il vaso per alcuna inflessa siffone ouero per alcun tubo spiritale , che mentre si vuoterà questo , in questo istesso tempo ripieno il vaso E. si
verserà di nuouo nell'infondibulo, e farà lo istesso effetto: onde bisognerà tron-

care

care la influßione a mezo del vaso; acciò ripieno l'altro possa subito versarsi, e fare il proposto effetto.

IN ALTRO MODO ANCORA IN DI-
stanze diuerse si fanno diuersi canti di vary vccelli
in questo modo. Theor. XLIIII.

FAcciasi vn vaso di ogni intorno chiuso; e con diuersi diafragrami intramez-zato, & in ciascuna parte sianui posti, ò inflesse siffone, ò diabeti spiritali, che di vn luogo nell'altro portino l'acqua come altroue si è detto, & in ciascu-no diafragrama passi vna, ò più canne sotate, & ad essi as-saldate, & in modo adattate, che con il fiato facciano il si-bilo, che diuerso serà, se di di-uerse grossezze, e longhezze serāno le canne. Iadi posto lo infódibulo sopra il vaso la co da del quale del primo diafra grama; sia tāto distāte quan-to per il flusso dell'acqua ba-sterà, che cadédone nello in-fondibulo l'acqua per il ca-nale A. entrarà nel primo va-so sopra il primo diafragrama cacciandone l'aria per la can-na, ò canne delle prime can-ne, le quali farāno varij can-ti di vccelli. Questo ripieno per la inflessa siffone esso va-so si vuotarà nel secondo, fa-cendo il medesimo così nel terzo, & il simile negli altri fin che nell' vltima parte il diabete, ò inflessa siffone la manderà fuori, e ciascuna canna in qual si voglia parte del vaso posta renderà l'ac-commodato suono.

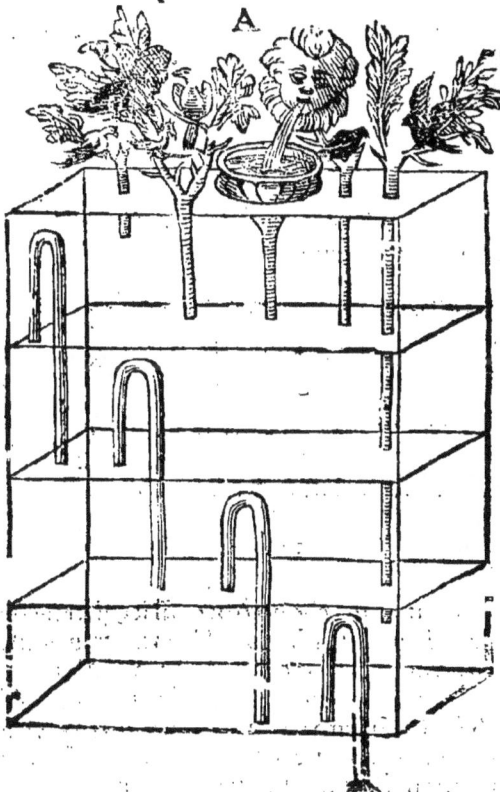

FAR

FAR CHE LE VVOTE, E LEGIERI PALLE
saltellino in questo modo. Theorema XLV.

Riscaldato vn catino pieno di acqua, la bocca della quale sia coperta, e che sopra il coperto auanzi vn tubo, ò canna in bocca del quale sia posto vn' altro catino minore a guisa di vna mezza sphera, & essa canna insieme con il coperto, e con la mezza sphera sia forata, se in esso catino in capo la canna serà da noi posto vna leggiera, ò vuota palla auerrà, che il vapore, che per il caldo inferiore conuerrà alzarsi per il tubo, ò canna eleuarà la palla, sì che parerà saltellate a chi porrà mente a ciò.

E LE TRASPARENTI SPHERE, CHE
in se habbino, & aria, & acqua : e nel mezzo vna palla, come la terra in mezzo del Mondo; In questo modo si fanno.
Theorema XLVI.

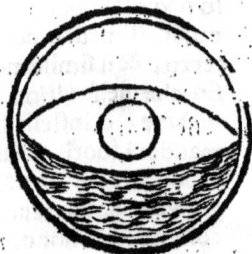

Siano fabricati due emisperij di vetro, vno de i quali con vna sottilissima lamina di metallo sia coperto, e questa nel mezzo habbia vn rotondo buco, sia dopoi fatto vna spheretta minore: ma leggieri, & imposto acqua nell'altro emisperio, & in questa posta la fatta sferula sian congionti li due emisperij di vetro insieme, che l'humido che riceuerà la picciola sphera la terrà nel vuoto luogo, dal congiungere insieme adunque questi due emisperij se haurà il proposto.

CHE

CHE A GOCCIA A GOCCIA STILLI L'HV-
mido spinto da penetranti raggi del Sole.   Theor. XLVII.

L A base d'ogn' intorno chiusa A. B. C. D. nella quale con la coda pongasi lo infondibulo H ma la estremità di essa coda stia alquanto dal fondo distante facciasi poi la sphera, ò vaso E.F. per la quale passi il tubo dal fondo della base,

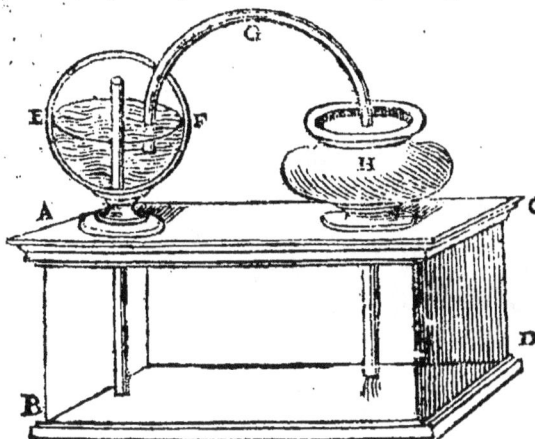

e dalla parte superiore della sphera alquanto distāte con le sue estremità. Dopoi sia posta la intlessa siffone nella sphera, & ad essa assaldata benissimo con vna gamba, e con l'altra cada nell'infondibulo, sia dopoi imposta acqua nella sphera, che quando il calore del Sole entrarà nella detta sphera, che è in esso riscaldato scaccierà l'humido il quale serà portatoper la piegata canna G. e per lo infondibulo H. nella base A.B. C. D. Ma quando dall'ombra serà coperta la base(partendo l'aria) il tubo, che è nella sphera asumerà l'humido, e riempirà il vuoto luogo, e questo tante volte serà quante volte serà quante volte il Sole in essa entrarà.

DEMERGENDO NELL'ACQVA IL VASO
senza piede detto Thirso far vscirne vn suono, ò di canna,
ò di alcun vccello.   Theor. XLVIII.

I L Thirso proposto sia A. B. C. D. che nella punta del fondo habbia vn buco; ma essa punta alquanto concaua in modo di Pigna, & il collo di essa alquanto di sotto della bocca sia intramezzata con il diafragrama A. E. nel quale pongasi la cannuccia F. colocata sotto la bocca del tubo, & insieme cō esso diafragrama bucata, che quādo demergeremo esso Thirso nell'acqua nel cacciarlo a basso, l'aria, che è in esso (cacciato) creatà nell' vscire per la cannuccia il suono proposto, se detta cannuccia serà sola, ma se sopra il diafragrama A. E. serà quantità d' acqua serà detto suono strepitoso, che è il proposto modo.

F A R

FAR CHE VNA STATVA, LA QVALE POSI

sopra vna base, e che habbia alla bocca vna Tromba suoni, dan-
doli noi fiato con qual si voglia sopradetta maniera.

Theorema X L I X.

L A base d'ogn'intorno chiusa sia A.B.C.D. sopra la quale posi la Statua, ò di
altro animale a volontà nostra. Et entro la base sia lo emisperio concauo,
& ottorato E.F.G. che nel fondo habbia alquanti buchi piccioli : da questo passi
nella Statua, il tubo H.F. il quale metta capo nella bocca della Tromba: la quale

però con la sua lingula, e con il dodoneo sia accommodata, e nella base sia infusa l'acqua per alcun buco E. il quale dopo la infusione sia con ogni diligenza ot-
turato con alcuno assario, ò cartella come di sopra si disse. Indi cacciando aria
nella base, conuerrà che l'acqua ascendendo nello emisperio per li fatti buchi, ne
scacci l'aria per la canna F.H. la quale darà fiato senza fallo alla Tromba. E cessando di cacciar l'aria nella base, l'acqua salita nello emisferio per li medesimi
buchi calerà nella base ritornando in esso l'aria vscito per la bocca della mede-
sima Tromba.

R I-

RISCALDATO VN VASO PIENO DI ACQVA
far girare vna sphera vuota su due Poli. *Theorema L.*

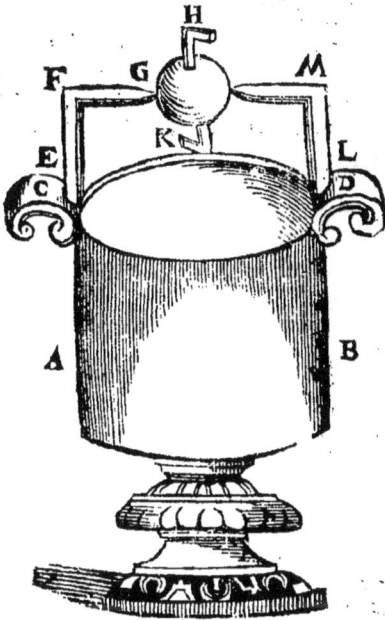

IL riscaldato vaso di acqua ripieno sia A. B. la cui bocca sia con diligenza turata con vn coperto C. D. sia dopoi con esso forato il piegato tubo E.F.G. del quale la estremità G. sia con diligenza imposta nella concaua sphera H. K. & alla punta di questo diametro della sphera sia contraposto vn polo L. M. piegato anco lui come il tubo E.F.G. conficato nel coperto del vaso C.D. e la sphera habbia dui piegati tubi, l'vno, l'altro per diametro opposti, e con esso forati, che con buchi si corrispondino, e le loro piegature siano ad angoli retti, che auenirà, che riscaldato il vaso salità il vapore nella sphera per il tubo E.F.G. e caderà fuori p li piegati tubi & aggirerassi la sphera con il modo, che alle volte si vengono ragirare intorno artificiosi balli di animali.

FAR CESSARE VN FLVSSO DI ACQVA
che fuor di vna tazza esca amezzo il corso se bene non si chiuderà il canale con vn coperto. *Theorema LI.*

Sia la tazza, ò vaso A.B. che soura la base C. posi, per li quali passi il tubo D. E.F. che nel piede della base, ò in qual luogo più piacerà finisca in vn canale, che fuori sporga: E nell'orecchia G. ò manico di esso vaso sia posta la regola H. K.L. che come da mensula sia di detta orecchia, ò manico sustentata, che questa sopra di essa cartella per vna fibbia si volga, e nell' estremità di essa sopra la bocca del vaso, oue è la K. vn'altra regola cada, che con vn'altra fibbia insieme si giunghino in K. e questa dal capo M. habbia il cilindro il quale sia fatto graue, e sia dal capo di sotto vuoto: perche possa circompigliare il tubo D. E. F. che quando il vaso serà pieno di acqua se aggrauaremo la regola L. K. in L. alzerassi il cilindro differrando la bocca del canale D. E. F. onde per il canale l'acqua del vaso se ne vscirà per F. poi lasciando la regola in L. secoderà il cilindro per la grauità sua circompigliando il tubo D. E. F. Onde l'aria non hauer do vscita cherà all'humore, che serà d'intorno al tubo D. E. F. che più non entri per la sua bocca, e se di nuouo deprimendo la regola in L. alzaremo il cilindro, l'acqua di nuouo se ne anderà, che è proposto.

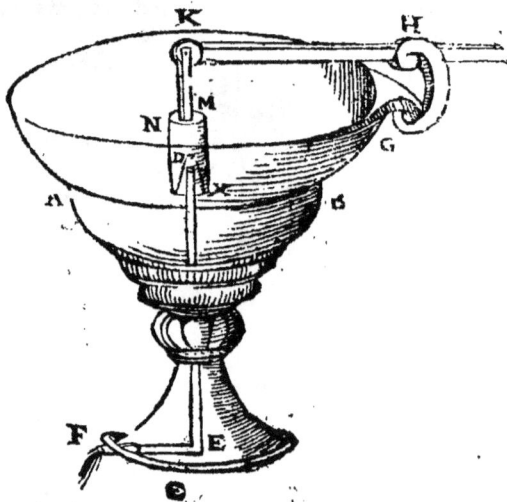

FABRICARE IL VASO FLVSSILE IL QVALE
con vna mezza sfera di vetro coperta ascenda l'humido, e discenda, e sparga fuori. Theorema LII.

SIa il vaso flussile A. B. C. intramezzato con il diafragrama D. E. dal quale procedano li due tubi F. G. H. K. vno de i quali F. G. habbia da basso lo esito G. fuori del vaso, e lo H. K. nel mezzo del corpo di esso vaso, il quale habbia di vetro il coperto M. N. Dopoi facciasi passare per esso coperto, e per il diafragrama il spiracolo, ò canuccia X. per la quale si possa riempire il vaso d'acqua : il quale ripieno riempirassi similmente il tubo H. K. e l'acqua sopra il diafragrama entrarà nel coperto di vetro, e se ne vscirà per il tubo F. G. fuori di esso vaso con il modo a punto della instessa fissone. per la gamba minore della quale seruirà il tubo H. K. e per la maggiore F. G. e per la piegatura il coperto M. N. che quanto

fi diffe nella prima di quefto tirarà fuori l'acqua , che è nel corpo del vafo facen-
dola afcendere nel coperto di vetro; ma prima tirata fuori l'aria, come elemento
più legieri in luogo della quale fuccederà, come fi è detto l'acqua, la quale per la
fua grauità fuori fi tirarà per fe ftefla , fe ben contro la natura della piegata canna paffarà in così largo campo nel luogo fuperiore .

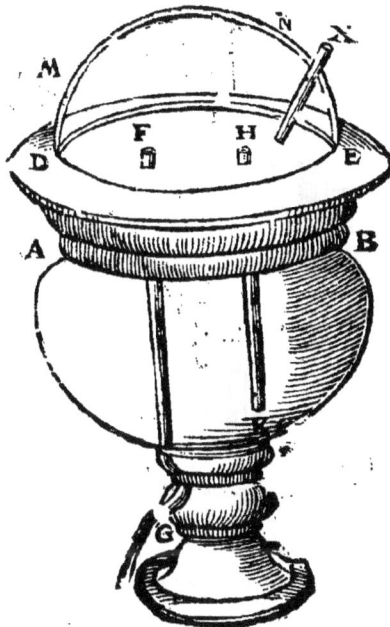

IN VN' ALTRA MANIERA FAR ASCENDER
l'acqua , che fempre paia ftare in moto. Theorema LIII.

LA bafe d' ogni intorno chiufa fia A. B. a mezzo della quale fiaui il diafragrama C. D. intramezzato. E fopra di effa bafe fia il coperto di vetro in forma
di cilindro d' ogni intorno chiufo E. F. facciafi dopoi, che in detto coperto E. F.
vi fia il tubo G. H. dalla eftrema fommità del cilindro poco diftante ; ma forato
infieme con il diafragrama, oltre di quefto fiaui l'altro tubo L. forato anco lui
con il coperto della bafe, il quale non giunga sù il diafragrama altramente; ma vi
fia poco lontano. Facciafi poi ancora da vn lato del cilindro di vetro il pertugio
M. per il quale fi poffa riempire d'acqua il vafo A. C. D. frà il diafragrama, & il
coperto della bafe, la quale nel fondo habbia il canale N. facciafi pofcia , che il
tubo X. O. fia con il diafragrama infieme forato, e giunga poco diftante dal fondo

do della bafe, e per quefto riempiafi la parte inferiore di effa bafe frà il fuo fondo, & il diafragrama, chiudendo il canaletto N. che l'aria, che è frà C.B. fe ne anderà per li tubi fuori per il pertugio M. Hora riempito, che ferà il vafo inferiore C. B.D. riempiafi dopoi il vafo A.C.D. per il pertugio M. che l'aria da effo contenuta, per il medefimo buco fe re

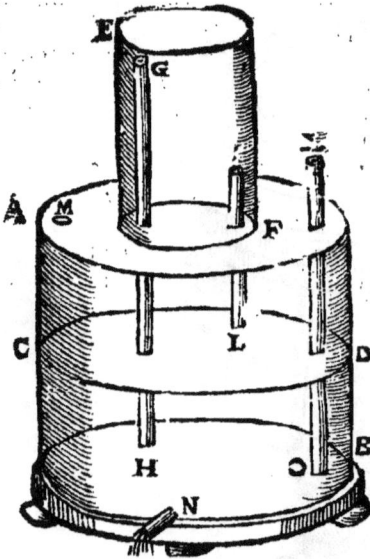

vfcirà: che fe dopoi fchiuderafsi il canale N. nell' vfcirfene l'acqua per effo tirarà l'aria, che è nel cilindro di vetro per il tubo G.H. e mentre il cilindro fi vuoterà d'aria l'acqua del vafo A.C.D. per le ragioni affegnate nella quinta di quefto ferà nel cilindro tirata, & afcenderaui per il tubo L. entrandoui l'aria per il pertugio M. e ciò ferà fin tanto, che il cilindro, ò coperto di vetro ferà ripieno. Onde è da auertire, che neceffariamente bifognerà fare la capacità de i vafi A.C.D.C.B. D. frà di loro eguale, acciò dell' vno nell'altro fcambieuolmente fi transferifca, e l'aria, e l'acqua, e quando il vafo C.B.D. ferà vuoto, e ferà ferma la continuità dell' aria di nuouo l'acqua del vafo E.F. fe ne ritornerà nel vafo A.C.D. ritornando ancora nel cilindro di vetro l'aria per il canale N. e per il tubo G.H. e l'aria, che ferà nel vafo A. C.D. per il pertugio M. fe ne fuggirà.

ALCVNI ANIMALI PER VN BVCO ENFIATI

efprimono l'acqua per vn'altro luogo, come per effempio vn Satiro per vn'vtre verfarà l'acqua in vna coppa, che nelle mani tenga vn'altro Satiro. Theorema LIIII.

SIa la d'ogn'intorno chiufa la bafe A.B.C.D. fopra la quale fieda vn'animale con vna coppa in mano per il quale da vn buco fatto in effo deriui il tubo E.F. infieme con la bafe forato quefto habbia lo affario, ò cartella alla bocca del tubo, che è dentro la bafe G.H. che chiuda il buco del tubo F. in maniera accommodato, che con fibbie s'alzi, e s'abafsi, fichiuda, & apra efaittifsimamente: dopoi per effa bafe pongan vn'altro tubo K.L. per il corpo dell'altro animale, con il buco K. verfo, ò fopra la coppa, oue hà da verfar l'acqua, e con l'altro

H 2 capo

capo L. fia verſo il fondo della baſe tanto però da eſſa lontano quanto parrà cõueniente per il fluſſo dell'acqua, & eſſa bocca K. habbia anco lei vn'aſſario legieri, con che reſti a noſtro piacere chiuſo leggiermente. Dopoi riempita di acqua la baſe per alcuno pertugio M. che dopo fatto chiudaſi beniſsimo, e turato inſpireſi gran quantità d'aria, ò di fiato per il tubo E.F. che eſſo fiato sforzarà il ſopradetto aſſario, & eſſa aria intrarà nella baſe, e terrà per forza ſerrato eſſo aſſario al tubo: poi aperto il buco K. l'aria compreſſo nella baſe caccierà l'acqua con gran forza per eſſo buco K. fin tanto che ſerà tutta vſcita, e l'aria tornata in ſua natura.

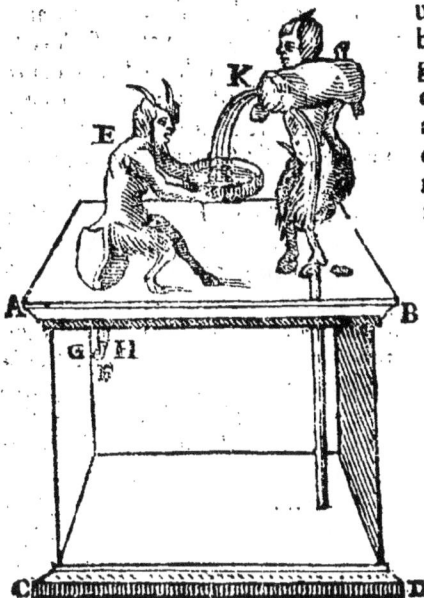

FABRICARE VN VASO CHE COMINCIATO

a infonderui acqua eſſa correrà fuori: ma intralaſciato per vn poco non più vſcirà fin tanto, che il vaſo non ſerà pieno fin a mezo, e di nuouo fatta vn poco d'intermiſſione non più ſe ne vſcirà l'acqua fintante, che non ſerà pieno fin di ſopra.

Theorema LV.

Sia il vaſo A.B. che nel corpo naſcoſte habbia tre piegate canne C.D.E. l'vna gamba delle quali, verſo il fondo del vaſo habbia vn capo, e l'altro fuori di eſſo vaſo in vna baſe K.L.M.N. e nel fondo di eſſa, & alle loro eſtremità pongaſi li tre vaſi F.G.H. il fondo de i quali tanto ſia dalle bocche di eſſe canne diſtante quanto è aſſai il fluſſo dell'acqua, & in eſſa baſe ſotto detti vaſi ſiaui il canale X. e la curuità della canna E. ſia al fondo del vaſo poco diſtante; e la piegatura della canna C. giunga a mezzo dalla altezza diſeſo, e quella della ſiffone, ò canna D. tocchi quaſi il diafragma al collo del vaſo; dopoi cominciſi a infondere acqua nel vaſo A.B. che perche la curuità della canna E. è vicino al fondo di eſſo, ſubito coperta ſpargerà fuori per il canale l'acqua, che dentro il vaſo ſerà

por-

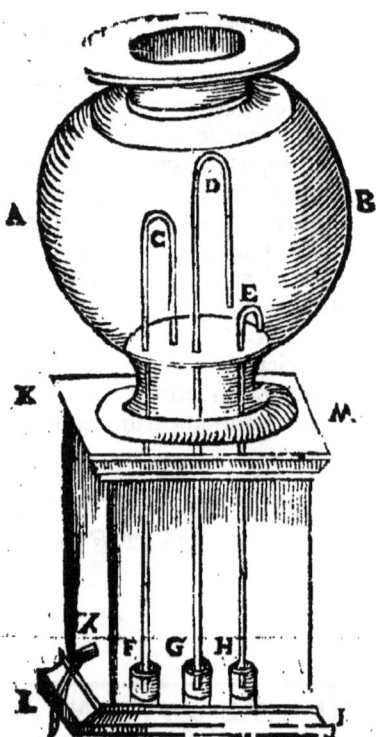

portandola nel vaſo H.e di queſto nel
canale X. & il vaſo H. rimarrà di acqua pieno, e piena d'aria, lo auanzo
della canna E.e quando di nuouo tornaremo ad infondere acqua nel vaſo
A.B. non più ſe ne'andrà per la canna;
perche l'aria è rinchiuſo in eſſa fra
queſt'acqua, e quella, che ſerà nel vaſo. Alzeraſſi dunque l'acqua fino alla
ſomma cima della canna C.fino
a mezzo del vaſo; poi comincierà di
nuouo a ſpargere per eſſa canna C.
fatta vn poco d'intermiſſione coſì:
e non altramente della canna D.Quan-
do il vaſo ſerà pieno auenirà: ma è da
auertirſe.che con deſtrezza biſognerà
infondere l'acqua nel vaſo, acciò l'a-
ria, che ſerà nelle canne compreſſo,
ò ſerrato da violente forza, nonſia
ſcacciato.

FABRICARE VNA CVCVRBITVLA, O' VENTOSA,
che ſenza fuoco tiri.   Theorema LVI.

Facciaſi la cucurbitula,ò ventoſa A.B.C. del modo ſolito,la quale habbia nel
mezzo il diafragama D.E.e nel fondo il ſmeriſma,ò ſchizzo(come diciam
noi)la canna eſteriore,del quale ſia la F.G.e la interiore H.K. con li buchi L.M.
che ſi riſpondino a drittura l'vno dell'altro; ma di eſſo ſchizzo ſiano in quella
parte, che auāza fuori della ventoſa, e li buchi interiori di eſſe canne ſiano aper-
tiſma li buchi eſteriori della canna H.K. ſiano chiuſi, e queſta habbia il manico.
Oltre di ciò facciaſi ſotto il diafragama vn'altro ſmeriſma, ò ſchizzo ſimile al
ſopraſcritto, che vicino al fondo habbia anche egli li buchi, che come nell'altro
ſi riſpondino dentro della ventoſa, e ſiano inſieme con il diafragama D.E. bucati. Queſti accommodati volghinſi le canne interiori con i manichi loro,ſì che
li pertugi al dritto ſieno l'vno dell'altro, ma quelli, che ſono ſotto il diafragama
D.E. nel volgerla reſtino chiuſi, ſì che quando il vaſo C.D. ſerà d'aria ripieno
aprendo

aprendo la bocca con li buchi L. M. fi pofsa sfuggere qualche parte di aria; **poi**
dì nuouo volgendo il manico non mouendo però dalla bocca lo fchizzo pof-
fiam hauere l' aria fottigliato, che è nel vafo C. D. e quefto più volte reiterato

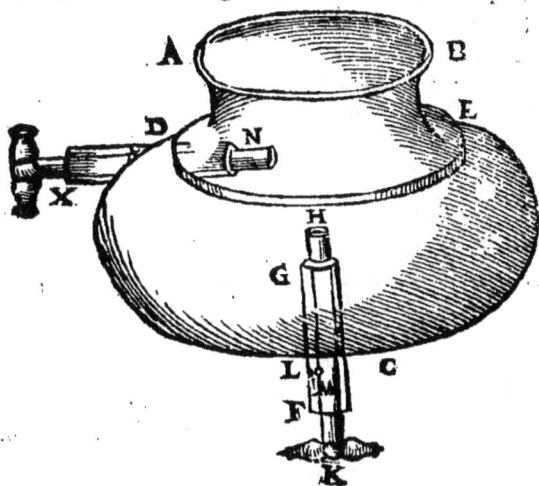

cauaremo di efso vafo grã
quantità dell' aria, che in
efso ferà. Accoftata dopo
quefto la ventofa alla carne come fi fuol commu-
nemente fare, apriremo li
pertugi rifpondentifi dello fchizzo N. X. volgendo
il manico X, che è necef-
fario, che è nel vafo C.D.
paffi qualche parte dell'a-
ria, che è nel vafo A.B.D.
E. e che in luogo di aria è
necefsario fia atratta la
carne, che la materia ac-
quofa, che è d'intorno ad
efsa carne fia atratta per
le incifure, ò rarità della

carne, che porofità fogliono efser chiamate.

ET GLI SMERISMI, O PIVLCHI, CHE DA I VOLGARI
fon detti fchizzi per quefta caufa fanno il fopradetto effetto. Theor. LVII.

SI forma vna canna A. B. dentro della quale vn'altra vi fi pone, e quefta dal
capo, che và dentro all' altra canna s'ingrofsa tanto con vna lamina, che

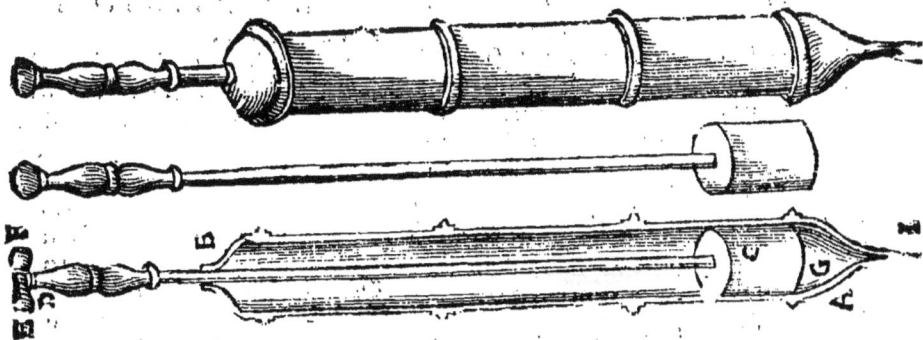

agiatiffimamente per entro vi vadi sì; ma non ne fuga per quefto l'aria: dall'altro

cro capo vi fi fà vn manico,come D.per pòter volgerla,e la bocca della canna A.
B.vi fi fà vn'altra cannuccia forata G. H. che quando vogliamo attrabere cofa
alcuna poſto la bocca H. entro vn vaſo ripieno di qual ſi voglia cofa , ſtando la
canna C.D. tutta infiſſa nella A. B. indi tirato la parte fuori della canna A. B. è
neceſſario che ò aria, ò humido, a ſe tiri per riempire la parte della canna, che ſi
è vuotata , non vi eſſendo altra bocca, che quella della cannuccia H. & volendo
per còtrario immettere qual ſi voglia cofa,ò acqua,ò altra ſorte di cofa humida,
tiriſi nella canna A.B.indi poſta la bocca H.nel neceſſario luogo, Indi cacciando
la C.D.nella A.B.eſprimeremo l'humido in quella quantità,che parerà a noi.

FABRICARE VN VASO, CHE RIEMPIENDOSI

il vino ſe ne vada per vn canale , che in eſſo vaſo ſia preſto al fondo : Ma
mettendouiſi vn bicchiere di acqua ſi fermi l'eſito di detto vino , e ſe ve
ne ſerà giunto vn'altro bicchiere, queſto con la infuſaui,prima ſe
ne anderà per due altri canali , e che dopo , che tutta l'acqua
ſerà effuſa,di nuouo ritorni il vino a vſcirſene per il ca-
nale di meʒʒo , ſì che niente ve ne reſti .

Theorema LVIII.

Pongaſi,che ſia il vaſo A.B. che preſo il fondo habbia il canale C. & intraː
mezzato il colio con vn diafragrama D.E. per il quale paſſi la canna F. G.
còn vn tubo intorno tanto da eſſo diafragrama diſtante , quanto potrà baſtare

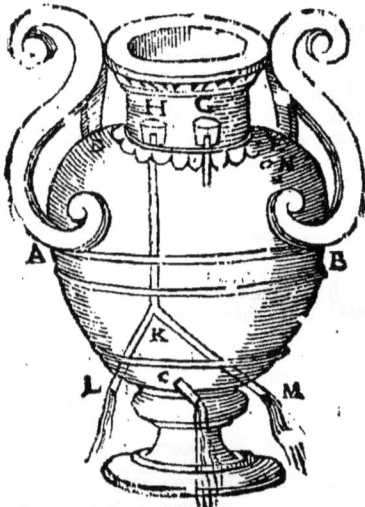

al fluſſo dell'acqua ſufficiente-
mente : dopoi pongaſi per eſſo
diafragrama, l'altra canna H. K.
che ſopra di eſſa manco auanzi
dell'altra , e ſopra vi è vn tubo,
an co lui dal diafragrama,alquáto
diſtante per il fluſſo dell'acqua ,
& eſſa canna diuidaſi nel corpo
del vaſo in due canali L.M. & eſſo vaſo habbia ſotto il diafragrama lo ſpiracolo N. Chiudaſi dopo queſto li due canali L. M. &
infuſo vino nel collo del vaſo, eſſo paſſerà nel ventre del vaſo per
la canna F. G. fuggendoſene l'a-
ria per lo ſpiraglio,& apraſi li canali L M.che da eſſi non hà dubbio,che ne vſcirà l'humido,che è
nella canna H.K. e dal C.ſe ne
vſcirà quello,che è nel ventre del vaſo;ma ſe nel diſcorſo del C. in mezzo la effuſione di eſſo ſerà verſato vn bicchiere di acqua , nel collo del vaſo vi ra
chiuſo

chiufo l'adito, che per la canna F.G. haueà l'aria nel vafo: onde il vino per C, conuerrà fermarfi, in fi verfato in effo vafo vn' altra mifura d'acqua effa fopra auanzando al tubo H. conuerrà fe ne vada fuori per li due canali M. N. ma finito il fluffo di e.fi canali in tanto verrà il tubo G. a ripigliar aria; onde il canale C.ferà forzato a fparger di nuouo il vino; E quefto tante volte auerrà, quante volte vi giungeremo le foprahette mifure di acqua,che è il propofto.

CHE VN VASO PIENO DI VINO, CHE HABBIA VN CA-
nale per effo alcuna volta fpargerà vino,& infondendoui acqua,fpargerà ac-
qua pura; pofcia di nuouo verferà vino, e fe ad altri piacerà verferà
acqua, e vino mefchiato. *Theorema LIX.*

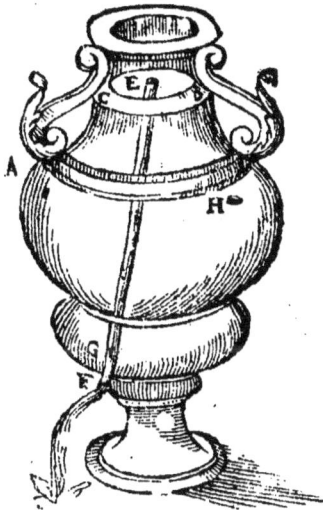

SE per efempio; ferà alcun vafo A.B.di cui il collo fia intramezzato con il diafragrama C.D.
per il quale paffi il tubo E. F. che
nelle parti del fondo habbia l' vfcita, & in G. vn picciolo pertugio
dentro il corpo del vafo poco dal
fondo diftante, e che di fotto dal
collo habbia vno fpiraglio H. e fe
chiuderemo il canale F. & infonderemo vino nel vafo egli entrarà
nel ventre di effo dandoli luogo
l' aria per lo fpiracolo H. il quale
chiufo non vfcirà, fe non quello,
che ferà nel tubo E.F. onde, che fe
nel collo del vafo porremo acqua
pura,effa fe ne vfcirà: ma aprendo
lo fpiracolo N. vfcirà mefchiata
l'acqua con il vino: ma finita l'acqua vfcirà folo il vino puro.

ACCESO SOPRA VN' ALTARE VN FVOCO FAR SACRIFI-
car due ftatue, e fibilare vn Dragone. *Theorema LX.*

SIa la bafe concaua,ò vuota di dentro A.B. fopra la quale pofi lo altare C.che
nel mezzo habbia vna canna D.E. che fcenda nella bafe,e detta canna in 3.
fi diuida entro la detta bafe,vna delle quali E. F. vada alla bocca del Dragone, e
la E.G. al vafo K.L. ricettacolo del vino del facrificio: il fondo del quale fia più
alto dell'animale M. faldato eccellentemente ad effa canna E.G. & in capo l'altra canna E.N.ve ne fia vn'altro fimile O.& in quefti vafi ricettacoli di vini fia-

no impoſte le infleſſe ſiffoneR. S. T. Y. i principij delle quali ſiano impoſte nel vino, e le loro eſtremità giungano nelle mani delle ſacrificanti immagini, & è da
auertire, che prima, che ſi accenda il fuoco, biſogna immettere nelle canne vn
poco di acqua: ouero bagnate non coſì facilmente dal calor del fuoco s'abbru-
ſcino, ò ſi sbuſino, che lo ſpirito del fuoco miſchiato con l'acqua aſcenderà per

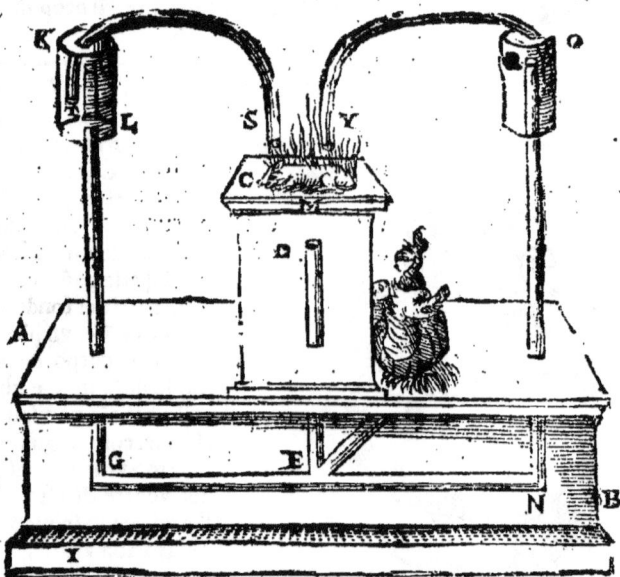

le canne a î vaſi K. L. & O. P. e per le infleſſe ſiffoni R. S. T. Y. sforzaranno ad
vſcire il vino, e parerà, che per mano delle ſtatue ſia verſato fuor di quei vaſi,
che nelle mani vi ſeranno poſti, & in queſto modo parerà, che ſacrificano, e per
l'altra canna E. F. alla bocca del Drago vſcendo lo ſpirito lo fà ſibilare, che è il
propoſto.

FABRICARE VNA LVCERNA, CHE STANDO ACCESA,
e perciò conſumatoſi l'oglio ſe giunto vi ſerà acqua, eſſa tornarà a riem-
pirſi di oglio. Theorema LXI.

Sotto la lucerna ſia fatto il vaſo A. B. diligentemente in ogni ſua parte turato, dal quale deriuino le due canne C. D. E. F. forate inſieme con il vaſo, e la
bocca della canna C. tanto ſtia ſopra il fondo del vaſo quanto potrà baſtare per
il fluſſo dell'acqua, e facciaſi, che eſſa canna C. D. fin alla ſuperficie della lucer-

na giunga,e fopra di effa fuperficie in bocca D. pongafi vna tazzetta per potere in effa infondere acqua , e la canna E. F. fia forata infieme con il fondo della lu- cerna,che fe in effa lucerna per l'vmbilico v' infonderemo oglio calerà prima nel vafo A.B.fotto di effa lucerna,che pieno,che ferà fi riempirà dopo quefto , e le due canne C. D. E F. e la lucerna ifteffa, la quale accefa con- fumerà l' oglio:ma fe nella tazzetta infoderemo acqua ella fenza fallo calerà nel vafo A.B.e per- che effa è dell'oglio più graue fubito fe ne ande- rà al fondo,e l'oglio afcendendo per la canna E. F.la riempirà di oglio di nuouo : Il che fi potrà reiterare quante volte ci piacerà, e fe per qual- che accidente bifognerà cauar l' oglio fuori del vafo A.B. con l'inftrumento defcritto nel 57. di quefto fi farà. Anzi, che così fi cauerà è quello della lucerna , e quell' ancò, che nelle canne fe- rà:ma molto meglio giudico, che ferà il porre il tubo E.F.fotto l'orecchia della lucerna,e la can- na C. D. poco dopo di effa,che però habbia co- me fi è detto la tazzetta,ò altra forma di vafet- to ad vfo di tazza nella quale s'infonda l'acqua ; acciò in vn tempo ifteffo e l'acqua fcenda al baffo, e l'oglio crefca nel corpo del- la propofta lucerna.

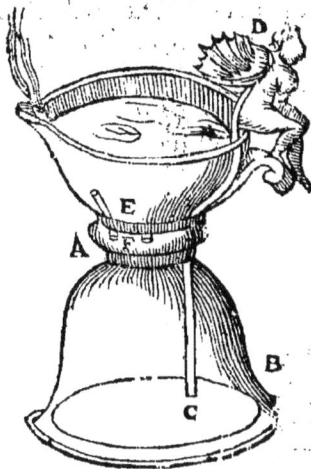

DATO VN VASO CHIVSO D'OGN'INTORNO, DA CVI

deriui vn canale aperto;fotto il quale pofto vna coppa d'acqua,fe altri da effo la fottrarà, far che l'acqua fe n'efca fuori di effo vafo; ma alzata effa coppa far , che l' acqua non più fcorra. Theor. LXII.

Sia il propofto vafo A. B. di cui il collo fia intramezzato dal diafragrama C. D.e per effo paffi la canna E.F. con effo diafragrama perforata, & intorno ad effa.pongafi il tubo K.L. nella cui fommità; cioè nella fquama,che lo cuopre, pongafi ad effa affaldata la infleffa fiffone M. N. di cui la bocca M. fia con effa fquama bucata, & alla bocca della gamba efteriore della fiffone fiaui vn vafet- to O.X.il quale fe di acqua lo riempiremo,riempiaffi anco la gamba della canna, che è nel vafo: fia dopo quefto infufa acqua nel collo del vafo A. B. tanta cioè, che otturi la refpiratione , che fatto quefto, fe bene il ventre del vafo ferà ripie- no,non vfcirà perciò fuori del canale,l'acqua per non hauer refpiro auenga, che detto canale ftia aperto;ma fe abbaffaremo il vafetto,ò coppa verrà neceffaria- mente anco a vuotarfi quella parte della gamba efteriore della infleffa fiffone,

                                                 & in

& in esso luogo serà turato l'aria vicino, e questa insieme con lei tirarà l'acqua infusa nel collo del vaso A.B. sì che ella sopra auanzarà alla bocca F. onde perciò hauendo l'aria ingresso nel vaso, il canale P. spargerà l'acqua fin tanto, che di nuouo alzato il vasetto sotto la gamba esteriore si faccia, che la resratione si chiuda cō l'acqua, che è nel collo del vaso; la quale, nel luogo di prima ti tornata, causerà per la sopradetta ragione, che non esprimerà fuori l'acqua il canale P. Onde leuando, e deprimendo il vasetto sotto la sopradetta gamba esteriore, e la inflessa siffone si verrà a schiudere, & ad aprire l'esito all'acqua per il canale P. auertendo però di non leuare affatto la coppa per nó vuotare affatto la gamba della siffone; onde perciò il spettacolo di questa cosa paia ben ordinato.

E QVEI VASI, CHE NOI CHIAMIAMO OLLE

si fanno gridare nel versare l'acqua, ò vino. *Theorema* LXIII.

FAcciasi, che il vaso habbia il collo intramezzato dal diafragrama A. B. e la bocca anco essa chiusa con il diafragrama C. D. e per ciascun di essi diafragrami pongasi il tubo E. F. con essi forato; & il manico dell'Olla, ò la gena, che io per nome generale chiamo vaso, sia G. H. pongasi poi nel diafragrama A. B. L'altro tubo tanto con la bocca superiore distante dal diafragrama C. D. quanto al bisogno del flusso dell'acqua può conuenientemente bastare, e nel diafragrama C. D. pongasi la canuccia M. in modo accommodata, che possa mandar fuori la voce: riempiasi poi il vaso per il tubo E. F. che se n'vscirà l'aria per il tubo K.L. e per la canuccia M. e quando piegarassi per il manico il vaso per farne

I 2   vscir

vfcir fuori l'acqua per il tubo B.F. entrarà anco nel collo da i diafragami chiufo
per il tubo K.L.fcacciandone l'aria per la canuccia M.la quale conuerrà,che
ftrepitofamente gridi : ma auertifcafi di far vn buco oltre li fopradetti nel diafragrama A.B.acciò ritornando a drizzar l'Olla in piedi nel ventre del vafo poffa di nouo ritornare.

FAR CHE STANDO VN VASO PIEN DI VINO SOPRA
*vna bafe, con vn canale aperto nel fondo nell' abbaffar vn pefo il canale
verfi il vino a mifura: cioè a voglia noftra vn boccale alle volte, & altre volte mezzo boccale, e finalmente quanto ti piacerà.*
Theorema LXIV.

SOpra vna bafe K.L.M.N.pofi il vafo A.B.da riempirfi di vino,e nel fondo di
effo fiaui il canale D.& il collo fia intramezzato con il diafragrama E.F.G.
al quale proceda nel ventre del vafo, il tubo G. H. tanto però dal fondo diftante, quanto potrà conuenientemente baftare per il fluffo del vino : pongafi dopo
vn'altro tubo X. che paffi per la bafe,e per il corpo del vafo,e giúga poco diftá-
te dal diafragrama E.F. dopoi pongafi nella bafe tant'acqua per alcun buco,che
venga da effa chiufa la bocca del tubo X. dopo quefto facciafi la regola P. R.
mezza della quale fia dentro la bafe l'altra metà auanzi fuori ; e quefta pofi in
bilico, e mouafi sù'l punto S. fatto quefto pongafi in capo di effa ragola in P.
con fune,ò catena fufpefo il vafo Z. nel cui fondo fia il buco T. ma prima, che fi
ponga l'acqua nella bafe empiafi per il tubo G. H. il vafo, il che fi potrà fare
vfcen-

vícendoſene l' aria per il tubo O. X. & in tanto, che ſi chiuderà la bocca O. del tubo O. X. e che ſi differerà il canale D. non è dubbio, che il vino non vſcirà fuori per le ragioni in altro luogo adotte; Ma ſe abbaſſaremo la eſtremità della regola in R. ſi leuarà vna parte del vaſo, che dall'altro capo della regola è appeſo in P. e perche per il buco T. l'acqua è entrata nel vaſo alzandoſi eſſo ſi vien a leuar l'aequa alla baſe, e perciò ſi darà vn poco di reſpiratione alla bocca O. onde fuor del canale l' acqua ſe ne vſcirà. Fin tanto che vſcendo l'acqua del vaſo per il buco T. verrà di nuouo ad otturarſi la bocca del tubo O. coſì è non altramente ſe tornaremo ad abbaſſar la regola R. più che non haurà fatto di prima, e per il canale D. fluirà maggior quantità di vino. Ma ſe tutto il vaſo alzaremo) molto maggior quantità di vino eſprimerà la bocca D. Ma acciò, che non habbiam queſta fatica di deprimere con mano la regola R. pongaſi il peſo Q. taccato nella parte eſteriore della regola R. che ſtando eſſo peſo in R. leuarà fuori dell'acqua tutto il vaſo, e quanto più ſi auicinarà alla baſe, tanto minore quantità di vino vſcirà per il canale D. Onde con la eſperienza ritrouate le quantità, che ci piacerà di deprimere la regola R. per hauer diuerſe quātità di vino, le ſegnaremo ſù la regola indi ſù quella che ci piacerà portato il peſo haueremo a noſtro piacere la deſiderata quantità di vino, chiudendo, e ſchiudendo ſempre il canale D.

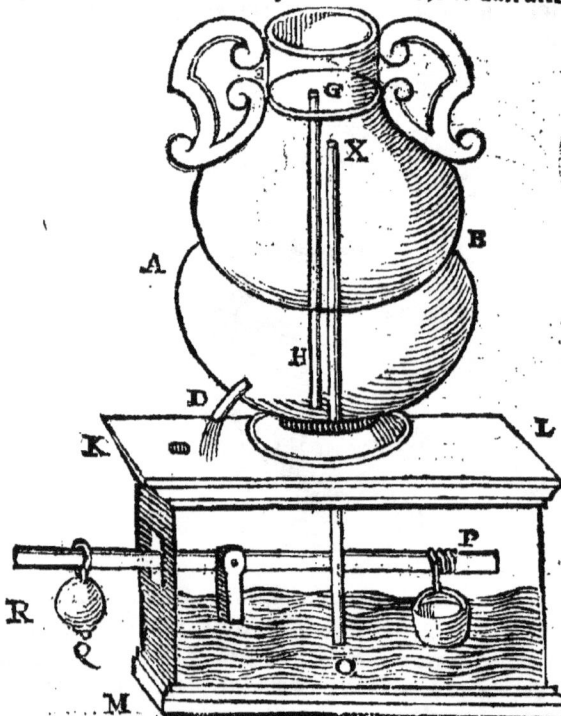

FABRICARE VN VASO FLVSSILE, CHE IN PRINCIPIO ſparga humori miſti, e ſe v' infonderemo acqua, che l'acqua da per ſè ſe ne eſca, e di nuouo poi meſchiata. *Theorema LXV.*

SIa il vaſo fluſſile A. B. di cui il collo ſia intramezzato con il diaframma C. D. per il quale pongaſi il tubo E. F. che fuori di eſſo vaſo ſporga per mandar fuo-

fuori l'humore, e questo nella parte interiore del vaso habbia vn picciolo pertugio G.& il vaso habbia sotto il diafragrama lo spiracolo N.indi turata la bocca F.
pongasi nel vaso il vino meschiato, che esso gli entrarà nel corpo per il pertugio
G.e quando lo vorremo cauare aptasi lo spiracolo N.acciò l'aria v'entri,& vsci-

rà . Ma chiuso lo spiracolo N. se infonderemo acqua nel vaso non vscirà altramente il meschiato vino: ma l'acqua pura (e bene poi aperto il spiracolo N.vsci-
rà per F.e l'vno, e l'altro insieme; onde serà questo maggiormente misto;perche
serà composto e di misto ,e d'acqua.

SE SOPRA VNA BASE SI DARA' VN VASO, CHE
habbia non lungi dal fondo vn canale, far che(infusaui dentro acqua)
alle volte n'esca acqua pura,alle volte acqua, & vino meschiati,
alle volte anco vino puro . Theorema. LXVI.

IL vaso,che sopra il fondo habbia il canale C.D.sia A.B.del quale serrisi il collo con il diafragrama E.F.per il quale passi il tubo G.H. che poco auanzi sopra il diafragrama nella parte superiore,e con la bocca inferiore H. tanto stia
sopra il fondo,quanto per il flusso dell'acqua parrà ragioneuole,dopoi sia l'altro
tubo K.L. infisso nel ventre del vaso, e sporga in fuori del corpo di esso alla bocca del quale sottopongasi il picciol vaso K. M. pieno di vino , e nel diafragrama
sia il picciolo pertugio della canuccia N.che questo fatto se per il collo infoderemo acqua nel vaso,essa scéderà nel ventre di esso fuggendosene l'aria per la boc-
                                                                              ça

ca N. fin che tanto ſerà alzata,che per il canale C.comincierà ad vſcire,e quando quaſi vſcita ſerà ſubito chiudaſi la bocca del tubo N. che conſumata la detta
acqua,il canale C. a guiſa di ſpiritaldiabete con eſſa tirerà il vino,che è nel vaſo
K.M.onde vſcirà meſchiato,e poſcia puro,e vuoto,che ſerà il vaſo K.M.d'acqua
la quale tutta vſcita il vaſo ſi tornarà d'aria a riempire, onde giungendo vino
nel vaſo K.M.& acqua nel collo del vaſo A.B.ſopra il diaframma,aperto il ſpiracolo N.E dopo fatto,come di ſopra di nuouo tornarà ad operare,che è il propoſto noſtro.

DA VN VASO PIENO DI VINO CAVARNE
per il canale alla miſura,che ci piacerà quanto, e quante volte
ci parerà. *Theorema* LXVII.

IL vaſo pieno di vino ſia A.B.& il canale C.D. il quale in C.habbia la parte
piegata verſo la bocca del vaſo: in modo, che poſtoui ſopra vn ſtoppaglio
vengaſi ad otturare;ſi che non verſi. Habbia dopo queſto il vaſo il ſuo manico,
ò come quì diſegnato ſi vede,ò in altro modo,che non importa;pur che la fibbia
H. ſia al luogo,che ſi vede:ſopra la qual ſi moua in bilico la regola K.L. dopoi
pongaſi ſotto la baſe del vaſo l'altra regola M.N.che sù'l perno X.ſi moua. Indi
due altre regole K.O.& L.P.affiſſe alla regola K.L.che in detti punti ſi mouano
intorno a due aſſili,ò perni. Pongaſi dopo in P. il timpanulo, ò ſtoppaglio E. F.
in quale ſolleuato eſca fuori il vino per il canale C.D. e depreſſo lo chiuda,ſi che
non più ſparga. E sù la regola M.N. in N.pongaſi vn'altro vaſo,nel quale cada-

no

no le mifure del vino, che occorrerà di canare fuori del vaſo **A. B.** & eſſo vaſe
ſi a **R.** ſottopoſto al canale **D.** dopoi nell'eſtremo della regola **M.** appendaſi con
vn' anello, ò con altro modo il peſo **S.** pur che ageuolmente poſſa mandarſi quà,
e là dal **O.** al **M.** in mo-
do, che pónèdoſi il peſo
S. in **M** s'apra il canale,
e ne fluiſca il vino nel
vaſo **R.** & il peſo **S.** reſti
ſuperato. Onde ſi chiu-
da il canale **C.** e per far
ne vſcire il vino a miſu-
ra pógaſi per eſſempio
nel vaſo **R.** vn boccal di
vino, e tàto preſſo di **O.**
il peſo, che ſia ſuperato
dalla grauità di eſſo vi-
no; dopoi facciaſi di ſot
to dal fódo del vaſo **R.**
Vn canale con vna
chiaue **Z.** per il quale
del vaſo **R.** ſi poſſa cauare il vino, che queſto
fatto potremo porne in
eſſo vaſo due boccali,
tre, quattro, e più è me-
no a voglia noſtra.

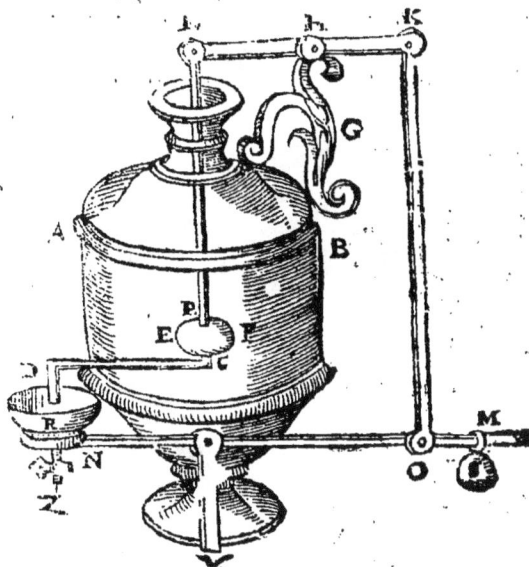

e quanto ci piacerà, E facciaſi ſù la regola frà **M.** & **O.** le note di eſſo, cioè mezzo boccale, vn boccale, due boccali, tre boccali: ſù le quali note pongaſi l'agiuſta-
to peſo, e le miſure deſiderate hauremo a noſtra volontà, che è il propoſto.

D'VN VASO CHE VICIN AL FONDO HABBIA

*vn canale ſottoui vn vaſetto minore, fuori del quale cauatone quanto vino
ci piacerà, altretanto far che in eſſo vi ſi giunga per il canale
del vaſo grande.*   *Theorema* **LXVIII.**

S Ia il vaſo del vino **A.B.** il canale del quale ſia **C.D.** diſpógaſi dopo queſto li re
goli **G.H.K.L.M.** ſia in **M.** il tìmpanulo, ò ſtoppaglio **E.F.** indi ſottopongaſi,
come di ſopra al canale **C.D.** il vaſo **P.** & al regolo **K.O.** in **O.** pongaſi il catino **R.**
che cada nel vaſo **S.T.** forinſi dopoi il tubo **V.Y.** indi forinſi anco li due vaſi **S.**
T.P. in detti buchi aſſaldando il tubo **V.Y.** che fatti vuoti eſſendo gli vaſi detti
P.S.T. il catino **R.** ſerà nel fondo del vaſo **S.T.** & aprirà (ſolleuando lo ſtoppaglio

stoppaglio E.F.) il buco del canale C.D. del quale cadendo il vino nel vaso P. per il tubo V.Y. entrarà nel vaso S.T. e leuandosi il catino per il sentirsi solleuar dall'humore verrà a deprimere lo stoppaglio, e chiuderassi la bocca C. e fin tanto starà chiusa, che leuandosi del vaso P. Il vino tornarà il catino nel fondo del suo vaso S.T.

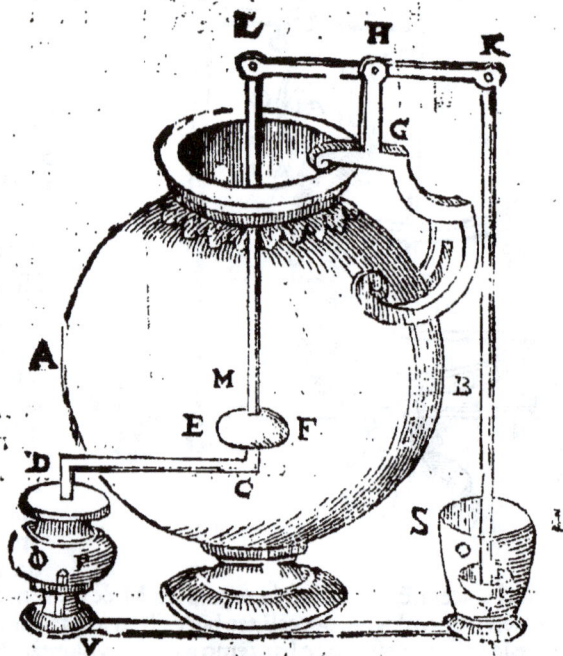

FABRICARE IL TESORO CON LA RVOTA VERSA-
tile di bronzo, che sogliono le genti voltare nell'entrare ne i sacri Phani, e far
che nel volger la porta di essa ruota si volga un' uccello, e ne canti un'
altro, e chiusa la porta, ò fermata aperta non più si volga, nè
canti l' uccello. *Theorema LXIX.*

Sia il tesoro A.B.C.D. di cui nel mezzo pongasi lo asse E.F. ma in modo accommodato, che si volga facilmente nel quale sia la ruota H.K. che è quella che s'hà da volgere di poi siano nel medesimo asse la ruota M.& il rullo L. e la ruota M. sia dentata: ma intorno al rullo sia inuolta una fune alla estremità della quale sia appeso un rouerscio catino vuoto nel quale sia infissa la forata can-

na

K

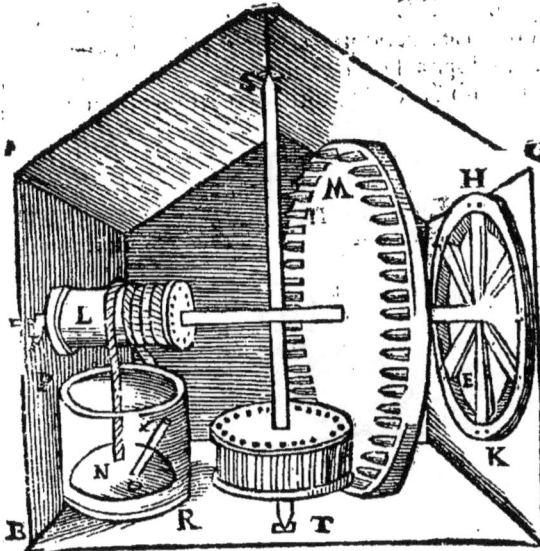

na O.X. la sommità della quale sia accommodata in modo, che con il fischio renda voce di vccello, indi sia sottoposto ad esso catino il vaso di acqua pieno P.R. e da la sommità del tesoro alla base, sia in bilico l'asse S.T. che facilissimamente si volga, e nella punta S. siaui l'vccello, & in T. il tradito timpano, li raggi del quale s'implichino nelli denti della ruota M. che si vede, che voltata la ruota H.K. la fune s'auolgerà intorno al rullo, e sotterrà il catino: ma lasciata detta ruota il catino per la sua grauità scenderà nell'acqua per la canna cacciandone l'aria, onde renderà suono, e per il volgere delle ruote volgerassi l'vccello, che è il proposto nostro.

ALCVNE SIFFONI POSTE IN ALCVNI VASI,

esprimono l'acqua, fin che, ò i vasi sono vuoti, ouero fin che la superficie dell'acqua giunge al pari della bocca delle siffoni: ma (se serà necessario) far che nel corso non più versino.   Theorema   LXX.

Sia che nel vaso A.B. vi sia la inflessa siffone, di cui la bocca interiore sia piegata all'insù, come C. F. G. sia anco nel vaso infisso il regolo retto H. K. al quale congiungasi l'altro L. M. in punto K. ma mobile sopra di esso, & alla M. congiungasi con vn perno l'altro regolo M. N. che in N. habbia attaccato il vaso G. qual possa circompigliare la ritorta della bocca della siffone F. G. poi appendasi il peso al regolo L.M. in L. acciò stando il vaso, come tubo aperto sopra la bocca G. circompilando la reflessione sia alquanto sopra la bocca; onde fluisca la siffone, e quando più non vorremo detto flusso, leuisi il peso appeso in L. che il vaso, che è ad N. abbassandosi verrà a chiudere la bocca G. onde nò più opererà

il

il fpirital diabete, & volendo che l'acqua di nuouo torni fcorrere appendafi di nuouo in L. il pefo.

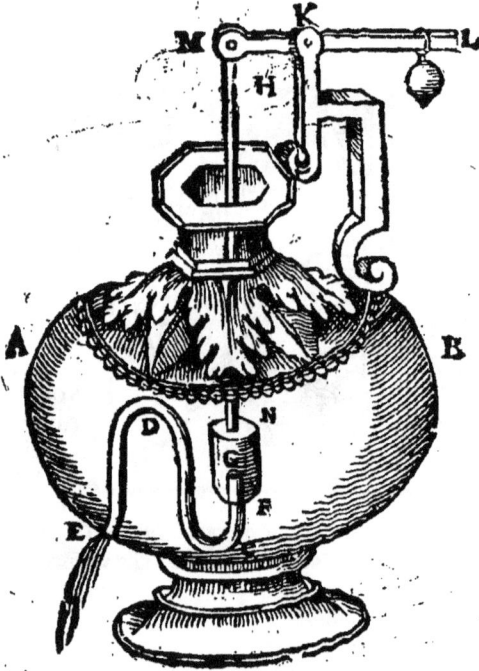

ACCESO VN FVOCO SOPRA VN' ALTARE, FAR
che girino intorno alcuni animali a guifa di balli, ma fiano gli altari tra-
fparenti, ò con vetri, ò futtiliffimo offo puro. Theor. LXXI.

F Acciafi lo altare A.B. trafparente, ò tutto, ò in parte per il coperto del quale paffi vn tubo fin alla bafe dell'altare, che in mezzo di effa in bilico poffi come le ruote de i vafari, quefto facciafi vuoto, & appreffo il fondo pongafi il tim-pano, ò ruota, come a punto quelle che hò detto de i vafari; e fopra di effa per ncrocciati diametri pongafi altri tubi al tubo congionti piegati fcambieuol-mente alla circonferenza della ruota fopra la quale ponghinfi gli animali, che hanno da girare in coro, indi accefo il fuoco l'aria rifcaldata per la canna pro-

cederà

cederà nel tubo, e del tubo per li piegati tubi cacciato girarà è la ruota, che ferà nell'aluco dell'altare, e gli animali a guifa di vn ballo.

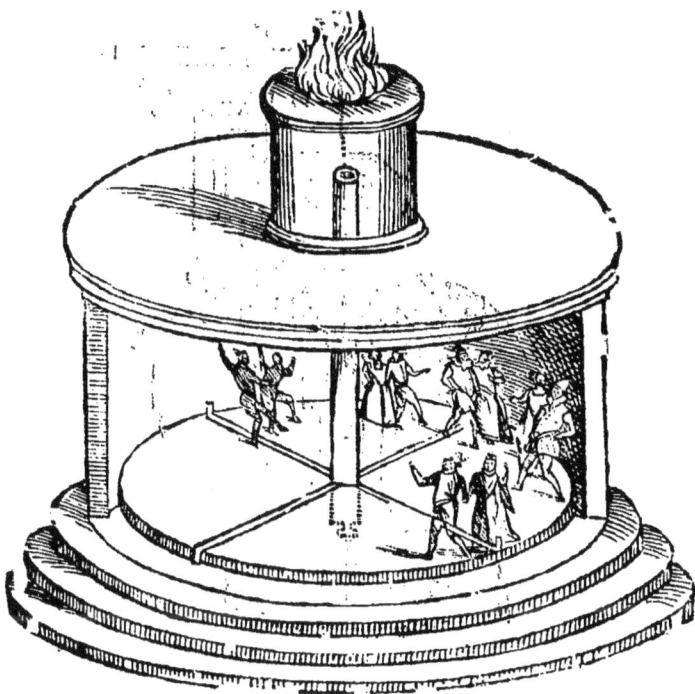

FABRICARE VNA LVCERNA ARTIFICIOSA CON oglio dentro, il quale mancandoui vi fe ne potrà aggiungere quanto pia-cerà fenza vafo da oglio. Theorema LXXII.

SOpra vna bafe concaua A.B.C.D. che sù vn triàgolo ftia a guifa di piramide, posi là lucerna, e fopra di effa bafe fiaui il diafragrama E. F. fopra il quale posi l'altro vafo A.B.E.F.e la eleuatione con varij ornamenti di effa lucerna fia G.H. ma concaua, anco effa, e fopra di effa gamba, ò colonella posi la lucerna, cioè quel vafo nel quale fi mette lo ftoppino, che poi fi accende; fotto il quale fia vn'altro vafo di commoda capacità, e per la colonella vuota, come hò detto paf-fi il tubo M.N. dal diafragrama E. F. (anzi entri di fotto da effo diafragrama nella bafe; ma fia ad effo affaldato beniffimo,) e giunga fin al fondo del vafo

dell'oglio

dell'oglio Q.R.& ad esso eccellentemente saldato: aggiunga sotto il fondo della lucerna da esso lontano alquanto. Passi dopoi vn'altro tubo per il fondo della lucerna, & entri nel vaso sotto di essa dal fondo di stante quanto parrà ragioneuole per il flusso dell'oglio. Indi riempito esso vaso di oglio, e con lui la lucerna riempiasi il vaso A.B.E.F. d'acqua per il buco X. per il fondo del quale passi vn tubo, & in esso siaui infissa vna chiaue S. la quale quando serà consumato l'oglio della lucerna si volga facendo scendere l'acqua nel vaso A.B.C.D. che l'aria non trouando altro esito entrarà per il tubo M.N. & arriuado per esso nel vaso Q.R. sforzarà l'oglio ad ascendere nella lucerna, la quale ripiena chiudasi con la chiaue S. che l'acqua più non scenda; e questo tante volte facciasi quante volte farà di bisogno, e lo intento nostro ottenuto haueremo.

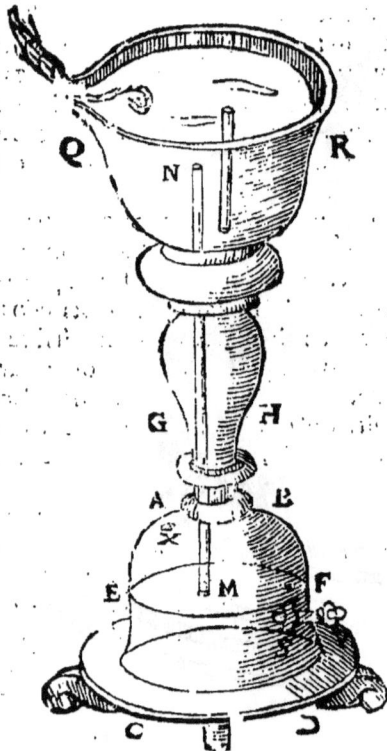

LO ALEOTTI.

SI puote anco far senza il seruirsi di acqua, quando ci facessimo lecito fossiar nella base, che indubitatamente sarebbe l'istesso.

FABRICARE IL VASO DA FVOCO DETTO MILIARIO, e far per la bocca di vn' animale soffiare ne i carboni, dal cui soffio arda il fuoco, e far anco, che l'acqua calda non esca fuori se prima non serà nel miliario posta acqua fredda, la quale perche non così presto si meschia con la calda perciò non esprimerà acqua, se prima l'acqua fredda non giungerà al fondo. E fare che freddissima sia espressa. Theor. LXXIII.

DI questa forma di vaso, che miliario vien detto facciasi la figura in quel modo, che a chi vorrà farlo più piacerà, e per il luogo, che riceuer deue l'acqua sia con due diafragmami retti separato in modo, che sia da ogni lato chiuso, o, e preſſo il fondo di eſſo ſiaui il tubo con eſſo forato, che vno di quelli ſia, che ſotto giace alle bragie; del quale vna parte ſia chiuſa, acciò l'acqua del miliario in eſſo non entri, e gli altri due tubi peruenghino al luogo, oue è l'acqua; acciò le acceſe bragie, ò carboni per vn tubo nel picciol luogo cagionino li vapori, che per vn tubo forato con il coperto del miliario, che per il corpo paſſando alla bocca dell'animale arriui: la quale all'ingiù guardando ſoffi ſempre eſſo animale per cauſa del vapore cagionato dal fuoco, e ſe vorremo, che il detto vapore ſia gagliardo, porremo vn poco d'acqua nel picciol luogo da i due tramezi ſerrato; acciò maggiormente ſoffiando l'animale, tanto più ſi riſcaldi il miliario, che il vapore, a punto ſi eleuerà nella maniera, che dalla bollente acqua vediamo il vapore eleuarſi in alto, e l'animale ſia in modo il police accommodato in vn tubo, che leuandolo ſi poſſa per eſſo tubo infonderui vn poco di acqua, e che ſimilmente quando non ci piacerà, che l'animale più ſoffi poſſiam per ſuſo il ſuo police volgerlo in altra parte ſia ancora ſù'l coperto del miliario poſto in picciol vaſo dal qual proceda vna canna fin preſſo il baſe del miliario; acciò per eſſo ſi poſſa mandar l'acqua fredda al fondo. Ma acciò, che il miliario poſſa impirſi con l'acqua nel picciol vaſo infuſa; Et acciò bolendo l'acqua calda fuori non ſi ſparga: pongaſi vn'altro tubo bucato affiſſo al coperto del miliario, per il quale l'acqua aſcendendo cada di nuouo nella concauità del picciol vaſo ſopra di eſſo coperto poſto, come dalla ſottopoſta figura vedraſſi, & il modo di farla ſerà queſto.

FAcciaſi il cilindro concauo la parte inferiore del quale ſia A.B. e la ſuperiore C.D. facciaſi anco vn'altro cilindro del primo minore; ma nell'iſteſſo aſſe dentro al maggiore diſpoſto, del quale la parte inferiore ſia E. F. la ſuperiore G.H. & ad eſſe parti ſuperiori, & inferiori ſiano chiuſe con due diafragrami. In modo, che non vi entri aria per neſſun modo. Ma nel cilindro E.F.G.H. ſiano i tubi K. O. L. X. M. N. li quali tutti ſtano forati dentro eccetto il tubo L. X. di cui ſolo vna parte deue eſſer forata cioè ad X. e che le bocche di queſti K. biſogna che ponghino capo ne lo ſpatio contenuto ſia i due cilindri: Il qual luogo ſia intramezzato con due tramezzi; & in vna delle parti di eſſo, che ſia ridiciamo E. G.F.H. vi penetri la bocca X. del tubo L. X. che hò detto, che ſi faccia mezzo forato; & in queſto medeſmo ſpatio ſiaui il tubo Z. Y. che arriui fino al pari della ſuperficie del coperto de i cilindri con eſſo bucato, & in eſſo infigaſſi vn'altro tubo, la ſuperior bocca del quale ſia formata in vn'animale, & eſſo animale dal detto tubo ſia bucato, e facciaſi, che la bocca ſia verſo il vaſo da i carboni rinolta: e lo animale ſia in modo diſpoſto, che ſi volga per il tubo Y. Z. acciò, quando non più vorremo, che eſſo non più nel fuoco ſoffij ci venga fatto volgendolo in altra parte: e quando vorremo nella chiuſa parte E.G.F.H. immettere acqua, ſerà gran commodità il porla per il tubo Y. Z. cauandone l'animale, poi tornandolo al ſuo luogo, e quando l'acqua fredda nel ſopradetto ſpatio ſerà molto maggiore ſerà anco la quantità di eſſo vapore, che ſi leuerà: e per la bocca dell'animale vſcirà. Ponghiſi dopo queſto ſopra il coperto C.D. catino R.S. forato con eſſo

esso coperto, e dal quale fondo derlui vna canna, che nel spatio frà i due cilindri
entri, e poco dal fondo del cilindro stia distante, ò tanto almeno, quanto al flusso
dell'acqua è bastante, e quando vorremo, che fuori se ne esca vna quantità di acqua bisogna altre tanta immetterne nel vaso R. S. che questa scendendo per la
canna entrarà nel luogo dell'acqua calda; & essa salirà in sù per il collo sopra il
coperto; perche, entrando l'acqua fredda nella calda, non cosi presto si meschia-
rà: Onde quante volte ci piacerà, tant'acqua calda haueremo, quant'acqua fredda vi porremo; ma, accioche si accorgiamo, quando salirà ponghisi vno hiatulo,
che in vn picciolo collo finisca sopra il coperto anzi bucato esso coperto sia ad
esso affaldato benissimo, & esso collo guardi sopra il vaso K. S. acciò ascendendo
l'acqua calda cada nel vaso R. S. & in modo tale fabricasi il miliario.

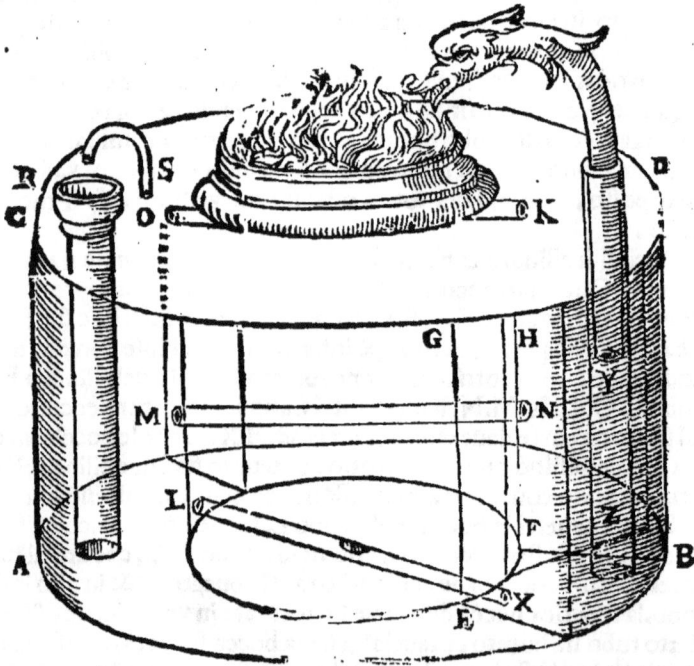

Ma se cosi già luogo non ci parerà di occupare sia lo spatio delle concauità
d'vn cilindro, e la curuità dell'altro più vicini siano posti gl'intramezzi, & in
questo picciol spatio pongasi lo animale acciò dal picciol luogo detto ascenda
per esso animale K. vapore per il tubo del quale similmente in esso pongasi l'acqua per farne leuar maggior vapore.

S'ADO.

S'indoperano anco li miliarij con altro Magistero fabricati per far sonar trombe far cantare vccelli artificiosamente .   *Theorema LXXIV.*

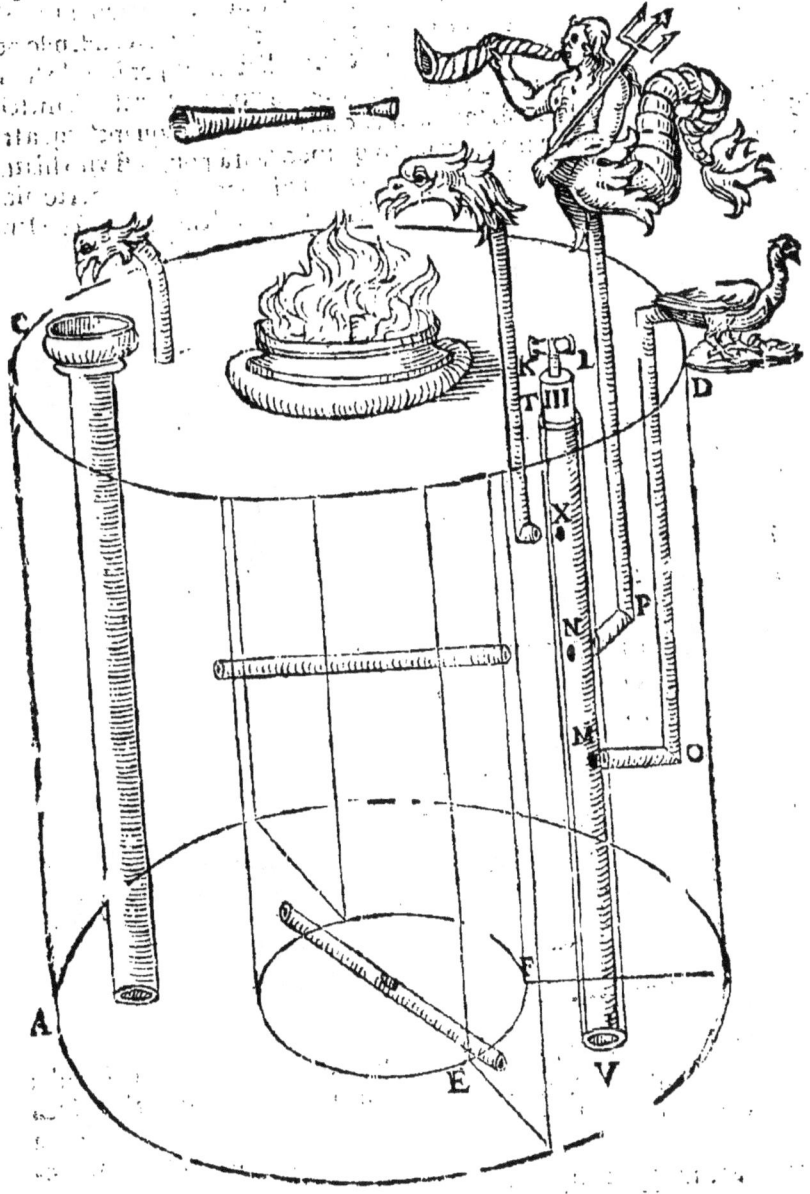

F Abricato lo iſteſſo miliario , con li ſopradetti tubi nel modo deſcritto nel
precedente accommodati;e forati,come ſi è detto facciaſi,che ſopra la baſe
poſt in piedi il tubo V. T. che chiamaremo femina , nel corpo del quale vn'altro
ve ne ſia che maſchio dicaſi,e ſia K. L. eſattiſſimamente accommodato in modo,che frà di loro non vi entri aria,e queſto ſia da vn lato all'altro forato con
tre buchi M. N. X. e ſimilmente la femina V. T. con altri tre , li quali alli buchi
nel maſchio M.N.X.riſpondino;& al X. pongaſi il tubo piegato,come moſtra la
figura , che paſſi per il coperto del miliario , a cui ſia beniſſimo aſſaldato acciò
per altronde l'aria non eſca , che per il tubo alla cima del quale ſia accommodato ſoffiante animale,come nella precedente ſi diſſe: Indi ſian accommodati a gli
altri buchi riſpondentiſi M.N.li due altri tubi piegati nell'interiore del miliario,
come N.P.M. O. queſti anco loro paſſino per il coperto di eſſo miliario (ma ad
eſſo,come dell'altro ſi diſſe) beniſſimo aſſaldati;& in capo a detti tubi,cioè nelle
parti , che auanzeranno ſopra il coperto ſia in vno accommodato vn' vccello, le
interiori del quale ſian vuote , acciò eſſo ſi poſſa d'acqua riempire , e piegato il
tubo nel corpo di eſſo vccello ſia accommodato ſi che ciuffoli,ò mandi fuori voce creata dal ſoffio del vento, per il che fare è neceſſario,che la piegatura del tubo fin all'acqua giunga, che come altroue ſi è detto darà voce d'vccello nell'altro tubo cioè nella parte , che come habbiam detto deue auanzar fuori del coperto,ſia accommodata la figura di vn Titone (Dio Marino)che in bocca tenga
vna tromba , & eſſo tubo ſia accommodato con la lingula,e con il dodoneo ,co-
me s'vſa,che procedendo il vapore per eſſa lingula, farà ſonante la tromba;il che
dalla eſperienza conſideraremo,che riſpondendoſi i buchi M.O. al ſuo tubo, &
N.P.all'altro,& il tubo dell'animale all'X. il che conoſceremo con diuerſi ſegni
nel manico K.L.fatti per poter a voglia noſtra;far hora ſoffiar lo animale, hora
càtar l'vccello,& hora ſonar la tromba.Ma quello,che al vaſo K.S.& al far aſcen-
dere l'acqua calda s'appartiene, facciaſi, come nell'antecedente habbiam detto.

COMPONERE LO INSTRVMENTO
Hidraulico. *Theorema* LXXV.

S Ia alcun vaſo di bronzo come A. B. C. D. nel quale poſtoui acqua porgauiſi
dentro rouerſcio vn concauo hemisferio,cioè vn catino F.che ſopra l'acqua
coſi rouerſcio poſi ; cioè con la ſua bocca verſo il fondo del vaſo , e nel colmo di
eſſo vi ponghino due tubi con eſſo forati,che ſiano nel vaſo; de i quali vno ſarà
G. K. L. M. e queſto ſi faccia,che pieghi fuori di eſſo vaſo , & entri nel cilindro
vuoto N. O. P. X. con la bocca,e ſia del cilindro la parte concaua incauata giuſtiſſimamente;in modo,che la bocca inferiore ſia alla ſuperiore vguale,e da vna
all'altra, per linea retta incauato, & in queſto vacuo vi ſi ponga vn maſchio R.
S.in modo lauorato giuſtiſſimaméte, che frà il concauo del cilindro,e la rotton-
dità di eſſo maſchio non vi poſſa entrar l'aria ; ma nel fondo dell'embolo Q.ma-

L ſchio

fchio póghifi il regolo T. Y. nerbofo, e fodo: al quale giungafi l'altro regolo Y. Φ. che intorno al perno Y. fi moua in fondo d'embolo, e fia infiffa sù'l perno Q. sù'l quale per il manico Φ. S. fi alzi, e s'abaffi: ma in cima del cilindro vuoto pongauifi vn'altro modiolo,   ò cilidro fodo, che copra di effo la parte fuperiore, &

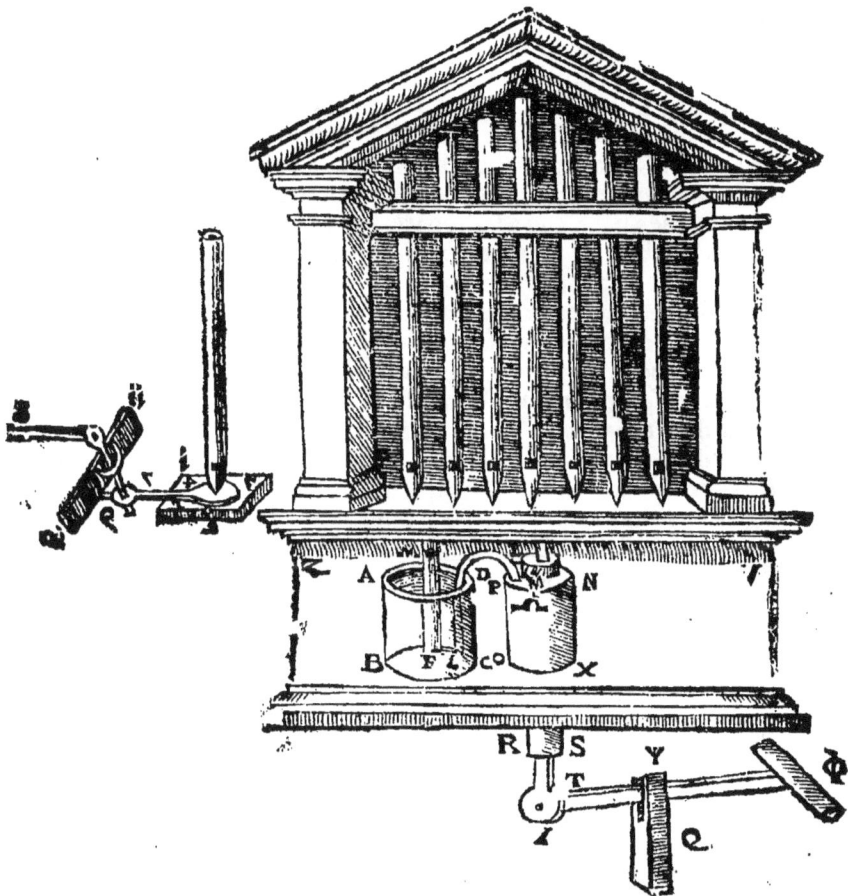

habbbia il vuoto cilindro da vn lato fopra effo modiolo vn buco, per il quale entri l'aria, e dentro via della parte vuota del cilindro concauo ad effo buco vi fi faccia vn'affario, ò cartella con vna lamina di rame, ò di ottone, che ferri; ma

accom-

accommodato in modo,che nel tirare l'embolo;ò maschio di sotto s'apra,& entri l'aria nel cilindro ; e mandandolo in sù si serri; come nella decima di questo si
disse.Oltra di ciò nella superior parte del concauo hemisferio E.F.G.H.fatto vn
buco vi si ponga vn'altro tubo F.V.che sia,e con esso forato,e con vn'altro tubo
in trauerso V. Z. nel quale si ponghino li capi delle trombe forate con esso alle
cui bocche aperte s'imponghino serratori con buchi, che li corrispondano,e che
tirati chiudano le bocche le tibie: Hora se alzando,& abbassando il regolo Y.
α. ascenderà lo embolo R. S. e la entrata aria per la cartella nel cilindro vuote
caccierà, chiudendo il buco,che è nel cilindro vuoto con la sopradetta cartella ,
onde l'aria per il tubo M. L. scenderà nel catino rouerscio, e per esso entrando
nel tubo transuerso V.Z.per il tubo F.V. e del tubo trasuerso nelle tibie,ò trom-
be(il che sarà, quando alle bocche di esse corrisponderanno i buchi delli serratori,e quando vno,e quando vn'altro,e quando tutti renderanno il desiderato suo-
no:ma come s'habbiano a far sonare, hor l'vno, hor l'altró,hor tutti insieme,
e come si habbian a far tacere dirò,& intendasi di tutti quello,che d'vn solo dirò. Facciasi vn'assario, ouer cartella sotto la bocca d'vna tibia 1.2. la bocca del
quale sia 2.e la bocca della tibia forata 6.il coperto 3.5. il buco S. fuori del buco
della tibia ; dopo questo si faccia il cubitolo di tre regoletti 5.7.9.8. vno de quali
7.9.10. sia con il coperto congionto 9.& in 5.7. si moua sù vn perno, che se
con mano spingeremo l'estremità del cubitolo 8. nella parte interiore sotto la
bocca della tibia,il coperto, & verrà a corrispondere con il buco dell'assario alla
bocca della tibia:ma volendo,che per se stesso leuandone noi la mano,esso assario ritorni al suo luogo,e chiuda di nuouo la bocca di essa cartella sottoponghisi
a gli assarij vn regolo paralello al tubo transuerso V. Z. & è egualmente distante, nel quale si ficcaranno al dritto de gli assarij spatule piegate di corno nerbo-
sissime,de le quali vna sia posta all'assario 1.2. & all'estremo di essa leghisi il ner
bo in 7.che spingendosi dentro il coperto esso tiri la spatula con il piegarsi a guisa di corda d'arco , e lasciandoli la spatula di nuouo tiri al suo luogo il coperto;
Onde muti luogo , & in questo modo accommodato sotto ogni tibia il suo assario, ò cartella, quando ci piacerà far sonare alcuna delle trombe cō vn dito spingeremo il cubitolo 8. e quando non più vorremo , che elle suonino leuaremo le
dita , & all'hora ritornando li cubitoli al luogo di prima,cessarà il suono. Ma
l'acqua,che nel vaso A.B.C.D. dissi, che si ponesse ad altro seruità se nō per fare , che l'aria , che nel concauo catino soprabonda , sentendosi giunger fiato dal
modiolo sbattuto,solieui l'acqua,onde ella suppeditando cagioni che le trombe
diano il suono:ma il cilindro sodo R.S.cacciato all'insù come si è detto esprime,
e caccia l'aria nel concauo hemisferio , & all'ingiù tirato apre l'assario, e per il
buco a riempire si torna il vuoto cilindro ,acciò di nuouo l'aria cacciato dal cilindro sodo vada alle bocche delle trombe nel tubo Z.V. onde ci manifesta,che è
bene il far mouere il regolo T. Y. intorno al perno Y. e sù l'altr' è il regolo α.
V. Y. ritrouando modo di fermarlo poi che hauerà all'insù cacciato l'aria
perche da esso forzato in dietro non torni.

FABRICARE VN' ORGANO DEL QVALE LE TROMBE
suonino, quando soffia il vento.   Theorema LXXVI.

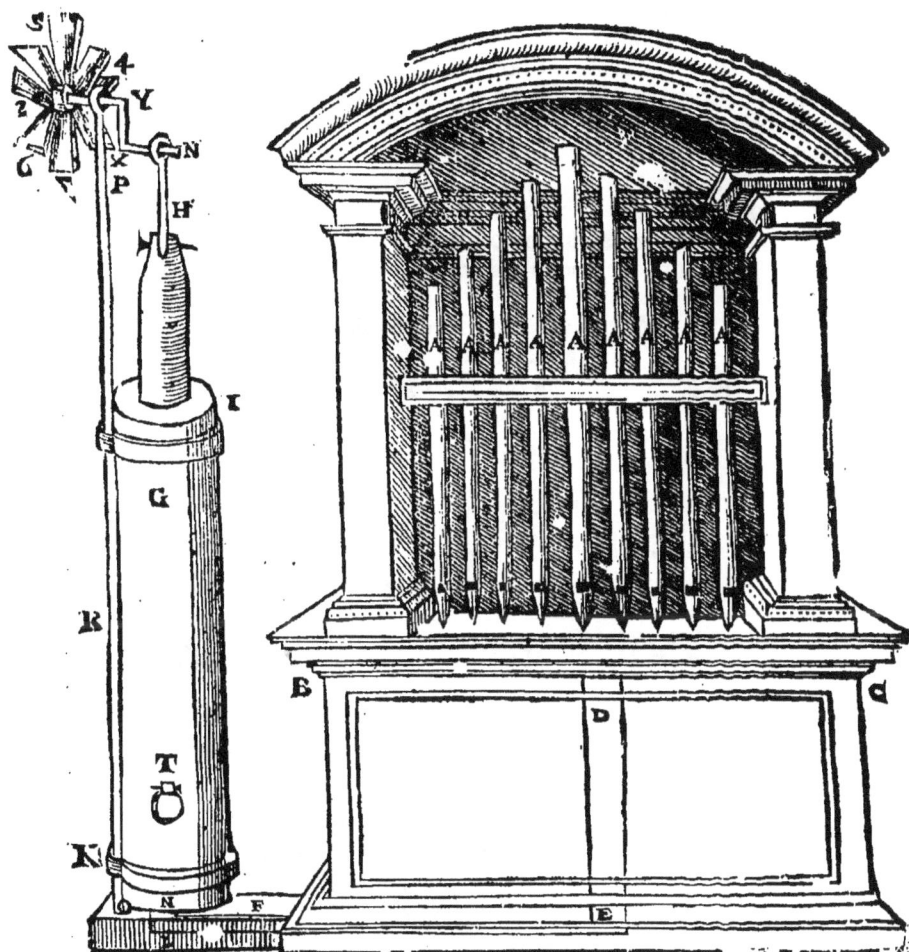

S Iano le trombe, ò canne dell'organo A. sotto le quali passi vn tubo B. C. nel
quale siane infisso vn' altro in perpendicolo D. il quale da vn' altro deriui,
come lo E. F. questo entri nel corpo vuoto di dentro del cilindro K.L. nella parte
di dentro del quale sia posto lo assario T. che s'apra, e si serri liberamente, e chiuso ch'egli è, facciasi la serratura con tāta diligenza, che fuori nō se n'esca il siato.

Et

Et intorno a detto cilindro fian accommodati due cerchi che s'agirino faciliffi-
mamente, come fono li G. K. li quali habbiano due fibbie, che fuor di effo fpor-
gano nelle quali fia infiffo vn' afta R. Φ. fopra la quale fia accómodata la ruota-
volatile, come quelle de' molini a véto   le palle della quale fiano 4. 5. 2. 6. 7. &
all'affe di quefta fia fatto il manico inzanchato Y. X. 3. come quello delle mole
d'aguzzar coltelli, & arme. Sia dopo quefto fatto vn cilindro con il torno; il quale giuftiffimamente entri nel tubo, ò cilindro vuoto K. L. e quefto fia in maniera
per eccellenza accommodato, che non poffa frà la fuperficie del vuoto, e quella
del fodo vfcirne l'aria, & habbia nel mezzo della parte di fopra, in effo vn
regolo infiffo H. N. nel quale fia vn buco che entri nell' inzancato
manico andrà alzando il cilindro fodo per il cilindro vuoto.
e l'aria entrando per lo affario T. nel deprimer, che farà la
ruota il cilindro fodo quefto chiudendofi conuerrà
per le ragioni altroue adotte in quefto, che
l'aria cacciandofi per li tubi E. F. D. B.
C. faccia fonar le trombe, che
è quanto fi propofe di fopra.

I L   F I N E
delli Spiritali di Herone.

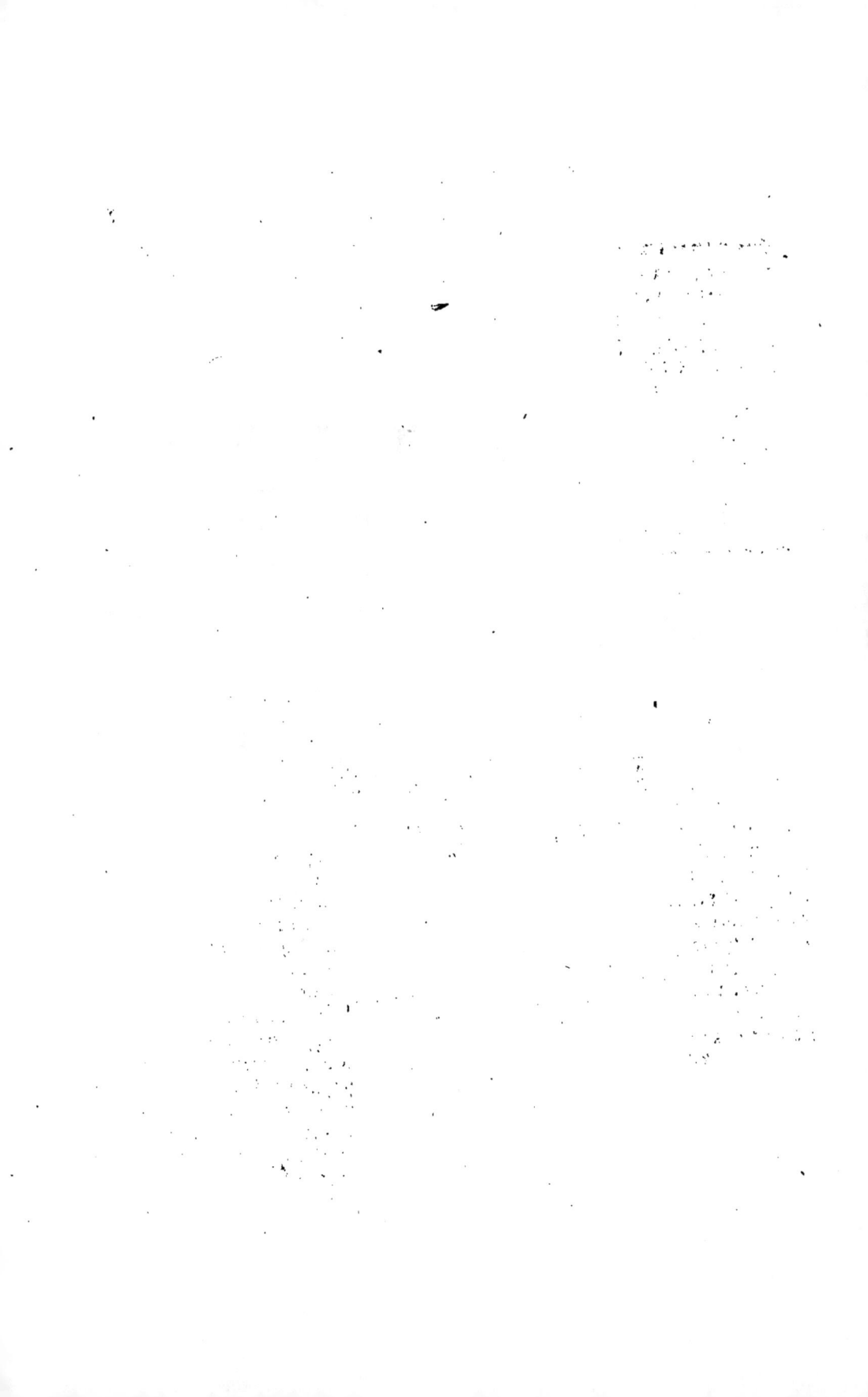

QVATTRO
THEOREMI
AGGIVNTI
A GLI ARTIFITIOSI SPIRTI
DE GLI ELEMENTI
DI HERONE.
DA M. GIO. BATTISTA
ALEOTTI,

ET IL MODO CON CHE SI FA SALIRE VN Canal d'acqua viua in cima d'ogn'alta Torre artifitiosamente, con grandissima facilità.

FAR CHE CON VN DRAGONE,
che ftia alla guardia de i pomi d'oro
combatta vn' Hercole, con vna mazza, e mentre ch'egli l'alza fibili il Dragone, e nel punto, che Hercole lo per-
cuoterà in capo: far che eſſo le ſpruzzi
l'acqua nella faccia.   Theor. I.

Ia la baſe A.B.C.D. vna parte della quale C. D. E. F. G. H.
K. ſia eccellentiſſimamente chiuſa: sì che non poſſa di eſſa
vſcirne l'aria. Sopra di queſta ſotto il canale S. ſia poſto lo
infūdibulo T. la coda del quale riſtretta verſo il fine: come
dimoſtra la parte di eſſo notata V. tanto ſtia di ſopra dal
fondo della baſe G. H. K. quanto per il fluſſo dell'acqua
parrà, che baſti: in queſto fondo ſiano aſſaldate le due infleſſe ſiffoni X. & Y. ma la Y. ſia ſottile molto più della X.
indi ſia poſto oue è la P. lo Hercole, doue è la N. il pomo d'oro, e ſotto di eſſo
oue è la L. ſiaui poſto il Dragone. Fatto queſto pógaſi nel lato della baſe E. F. G.
H. la canna M. che in O. ſi volga, & arriui alla bocca del Dragone in maniera accommodata, che mandi ſibilo, mentre l'aria (dall'acqua del canale S. che per lo
infondibulo entra nella baſe) cacciata conuerrà (non hauendo altro eſito) vſcire per eſſa canna, e ſia anco accommodata in maniera (che mentre per la ſiffone
Y. ſi vuotera la baſe non potendo eſſa d'altronde, che per la bocca di detta canna riceuer aria, che in queſto anco mandi ſibilo maggiore, come non è difficile
a niuno il ciò fare per mio auiſo. Sia dopo queſto dal perno OO. ſoſtenuto il regolo DD. CC. ſotto l' vn capo, del quale CC. ſia accommodato il conno vuoto
RR. Nella parte di dentro con circoli perfetti, e linee rettiſſime giuſtiſſimamente con il torno lauorato. E dentro di eſſo ſiaui accommodato il conno ſodo BB.
che in eſſo giuſtiſſimamente ſtia ; queſto nella parte ſuperiore habbia vn' anello
a cui legata vna fune ſia in CC. attaccata ſtando il regolo DD. CC. in perfetto
diano. E ſotto D.D. vi ſia appeſo il vaſo Z. che (vuoto) ſia aſſai più leggieri del
conno BB. e queſto & il regolo, & il conno ſiano in maniera diſpoſti, che il vaſo
Z. ſtia ſotto la gamba eſteriore della inflesſa ſiffone X. & al ſuo manico ſia lega-

ta

za vna fune che per la gamba deſtra d'Hercole paſſi,e per il corpo aggiúnga nella ſnodatura delle braccia di eſſo, le quali da vna chiaue in figura d'vna T. ſiano
in bilico ſoſtenute lo eſſempio è la ⊢i.ʒ. è la ſpalla deſtra 2.la ſpalla ſiniſtra,& 4.
la ſcitala ſtando dunque 2. ʒ. in bilico ſia la fune allegata in 4.capo della ſcitala.
E ſia dopo queſto poſto nelle mani d'Hercole la mazza Q. indi ſia ſottopoſto alla gamba della infleſſa ſiffone X. il vaſo A A. e queſta canna nel coperto di

detto vaſo ſia beniſſimo ſaldata, & eſſo coperto al vaſo: fuori del quale eſca la
canuccia TT.R.la quale ponga capo nel vuoto conno RR. che con lei ſia bucato,& habbia in queſta bocca vn'aſſario,ò cartella,che nella parte di dentro di eſſo ſi apra . Scontro di queſto buco ve ne ſia fatto vn'altro,& in eſſo ſia aſſaldata
la canna vuota QQ. la quale anco lei arriui alla bocca del Dragone: queſto eſe-
quito corra l'acqua per il canale S.nell'infundibulo T. ch'ella ſcenderà nella baſe
fuor della quale conuien, che ſe ne fuga l'aria per la canna M. O. la quale farà
ciuffollare il Dragone,e ripiena d'acqua la baſe ella ſi vuoterà, e l'aria ritornando in dietro per la canna M. O. darà maggior ſibilo, e ſtridore . Si vuoterà dico

M   per

per la inflefla fiffone X. e l'acqua caderà nel vafo Z. Il quale per la fua grauità, conuenédo andare in giù farà alzar la mazza ad Hercole, & alzerafli il cōno BB & in quefto mezzo per la inflefla fiffone X. fcendendo l'acqua nel vafo A A. ella fe n'entrerà nel conno vuoto RR. e ferà, che vuota la bafe A. B. E. F.G.H.I.K. verferafli anco il vafo Z. per eflere l'angolo del fuo fondo in modo acuto, che non pottà fermarfi in piedi: onde allegierito ferà tirato dal conno fodo BB. e fubito fcendendo la mazza Q. percoterà sù'l capo il Dragone, il quale nell'atto di quefta percofla le fpruzzerà acqua nel vifo:perche ftando lo infondibulo T. quafi in pari alla bocca del Dragone, e la fiffone X. dando acqua al vafo A A. dal quale procedendo la canna TT. R. nel conno RR. quefto riempirafli dandoli luogo il fodo B. nel fcendere del vafo Z. e riempirafli la canna QQ. fia preffo la bocca del Dragone, e nello fcendere con violenza il conno BB. l'acqua, che ferà nel vuoto RR. non potendo ritornare sù per eflerli chiufa la ftrada dallo affario detto di fopra conuerran fuggirfene per la canna QQ. alla bocca del Dragone, il quale la fpruzzerà (nell'ifteffo tépo, che lo percoterà la mazza) nel vifo ad Hercole per la violenza del pefo BB. Ma perche l'acqua fuori della bocca del conno vuoto RR. non fe ne fuga:ma fia sforzata ad entrare nella canna QQ. Sia fatto vn conno di cuoio dentro dalla fuperficie del vuoto RR. alla bocca di eflo benifſimo inchiodato la punta del quale fia inchiodata anco nella punta del fodo BB. perche quefto alzandofi, quello di cuoio lo feguirà, & verrà a dare il luogo fopradetto all'acqua, che è quanto fi è in quefta propofta promeffo.

FARE, CHE SEI FIVMI, O PIV', O MENO VERSINO dalli loro Vtri acqua in vn gran vafo, & in efla acqua fia nafcofto Tritone, che con velocità efca fuori dell' onde, e fuoni vna tromba, ò Cochiglia, e mentre, che egli fuona ceffino i fiumi di verfar acqua, e tornandofi a tuffar nell' acqua, far che di nuovo tornino a verfar l'acqua delli Vtri nel vafo come, ch' egli comandi loro, che ceffino di correre, & effi fi fermino, mentre ftà fopra l'acqua, e partito non più curino la commiffione fattagli. Theor. II.

Sia la bafe ogn' intorno benifſimo chiufa A.B.C.D.E. fopra della quale fia il vafo largo, e capace F.G. il quale può eflere maggiore, e minore affai della bafe fecondo l'occorrenze, & intorno ad eflo vafo fiano collocate le ftatue de i fiumi I.K.L.M. di bronzo, ò di rame, quefti pofino sù l'orlo del vafo nel quale fia il canale Q.Q. fopra del quale pofino li fuoi piedi benifſimo faldati ad eflo canale nel quale per ciafcun piè delli fiumi fia almeno vn buco, per il quale l'acqua poffa nelle ftatue entrare, & effe fiano in modo accommodate, che da gli vtri(che in fpalla hauranno, ò fotto i piedi come ci piacerà) verfino acqua nel vafo F.G. quando dal canale O. cadendo nel vafo P. fcenderà per il canale R. in QQ. nel quale facciafi il fodo S. per il quale paffi il canale, e detto fodo

do S.facciaſi forato per l'altro verſo,ſi che per eſſo,che ſerà in mezo il canale , paſſi la verga T.V. ma queſta ſia più groſſa aſſai,che non è largo il vuoto del ca- nale fermata ſopra vn bilico , nel zocco 16.in terra, & in eſſo ſodo al dritto del

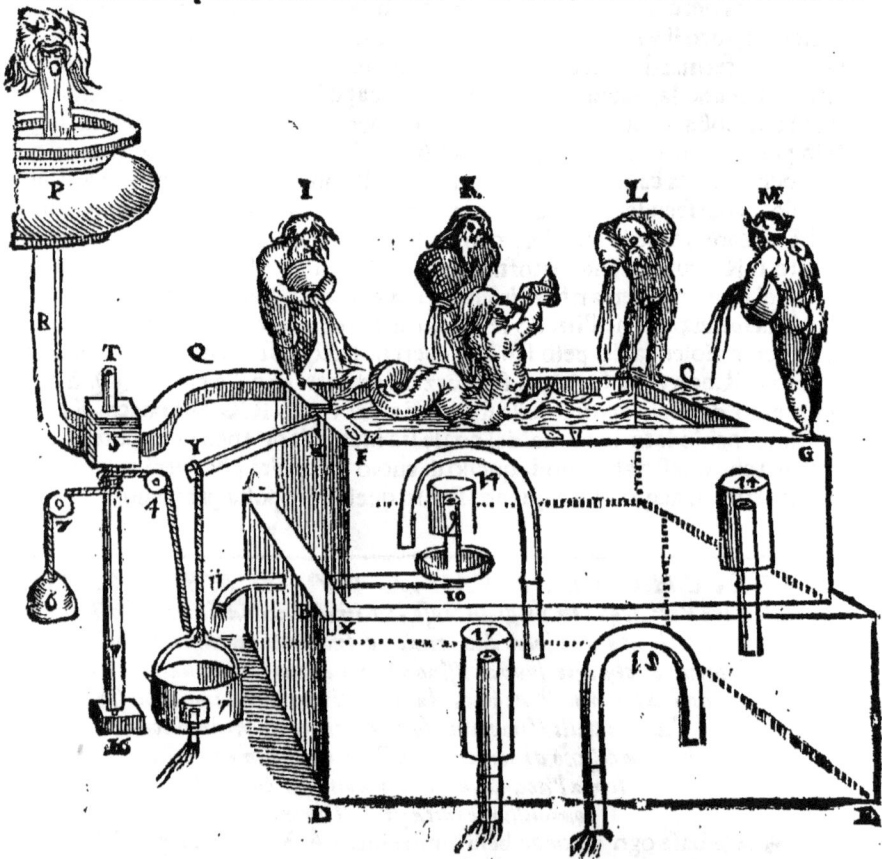

canale, facciaſi, che la verga T.V. habbia vn buco grande apunto come il vuoto del canale R. Q. ſi che volgendoſi la verga apra,e ſerri il canale. Facciaſi dopoi vn taglio nel labro del vaſo F.G.nel quale taglio ponghiſi vn tubo vuoto,che nella canna X. metta capo , la quale calarà nella baſe, come è notato beniſſimo aſſaldata in eſſa , e queſta habbia il ſuo buco ſeguente, come quello del tubo, il quale dal lato verſo il vaſo habbia vn buco : dopoi con ogni diligenza eſtrema , inanti , che nella feſſura del vaſo ſi ſaldi , ſia in eſſo infiſſo il regolo Y. che di tal maniera giuſtamente con l'arte del torno ſia tornito,che non ſi poſſa accommo-

M 2   dare

date meglio; acciò il fiato non ne pofía vícire, come nel Theor. IX. di Herone fí
difíe; trattando della sfera concaua, e nella XXVII. Trattando delle canne vfate
ne gl'incendij, e facciafi il regolo dal tubo al Y. forato per mezo, & infíffo Y. ftia
il Tritone per il corpo del quale fia vna canna vuota affaldata al buco del regolo, & in effa arriui alla bocca di effo Tritone, & entri nella conchiglia, nella quale fia accommodata la lingula, come nelle Piue fogliono accommodare i Villani,
dopoi in Y. apendafi con vna fune, il vafo 7. dentro il quale fia vn tubo fpiritale,
pofcia fopra le due troclee 2.4. ponghifi la fune, inuolgendola alla verga V.T. bi-
ficata in 16. & al capo della fune della troclea 2. appendafi il pefo 6. l'altro capo
di effa cioè quello fopra la troclea 4. leghifi il manico del vafo 7. il quale fia però
tanto leggieri, che facilmente fia tirato dal pefo 6. poi dentro del vafo F. G. ac-
commodifi il tubo fpiritale 9. che nella coppa 10. infonda l'acqua, della quale deriui il canale 10.11. & in effo vafo ponghifi ancora la infleffa fiffone, ò tubo fpiritale 14. l'vna gamba, della quale entri nella bafe A.B.C.D.E. l'altra ftia tanto
fopra il fondo di effo vafo quanto per il fcorrere dell'acqua giudicaremo conueniente, & il fimile del tubo 9. & in effa bafe pongafi la fiffone infleffa 15. e fecondo il bifogno vn' altra, ouero il tubo fpiritale 17. che quefto fatto vedraffi,
che fcorrendo l'acqua per il canale R. S. Q. Q. perche il vafo P. è alto falirà l'acqua alli vtri, che in sù le fpalle terranno i fiumi, & effi nel vafo F.G. verfaranno,
& in tanto riempiendofi per le ragioni adotte da Herone nel primo, e fecondo
Theorema. L'acqua per la fiffone infleffa 14. fcenderà nella bafe A. B. C. D. E.
& verraffi l'aria, che è in effa come ad amaffare fopragiungendoui vn' altro corpo, e perche maggior copia d' acqua verfano i fiumi del vafo alzeraffi ella, & il
tubo fpiritale 9. verfarà anch' egli nella coppa 10. e l'acqua fcorrendofene per il
canale 10.11. caderà nel vafo 5. il quale ripieno conuerrà per la fua grauezza
fcendere a baffo, & in vn' ifteffo tempo volgeraffi la verga T.V. chiudendo il canale nel fodo 5. onde non più verfaranno i fiumi, & abbaffandofi il capo del regolo 11. perche pofa in bilico sù'l tubo forato vfcirà il Tritone fuori dell'acqua,
& il buco della canna X. fcontraraffi nel buco del tubo, e l'aria compreffo nella
bafe fentendo l'efito aperto erumperà con furore, e farà fonare la Cochiglia,
ch'haurà in bocca il Tritone, e quando dall'acqua ferà ripiena la bafe vuoteralla
la infleffa fiffone 15. & il tubo fpiritale 17. e la bafe d' aria di nuouo torneraffi
a riempire per il buco della Cochiglia del Tritone, in tāto euacuando il tubo fpiritale 13. il vafo 5. il pefo 6. tirerà il vuotato vafo in sù, & apriraffi di nuouo il
canale dell'acqua a i fiumi, & il Tritone per la fua grauezza, tuffaraffi di nuouo
nell' acqua, e fempre quefti ordini feruar vedrannofi, mentre il canale O. fluirà,
che è quanto fi propofe.

FAR CHE CON L'ACQVA D'VN CANALE SOLO SI
vegga bollire vna Fucina, nella quale vn Fabro tenga a bollire vn ferro, poi
volgafi, e lo ponga sù l'incudine, e ſubito tre altri Fabri battano sù'l det-
to ferro in terzo, & ogni colpo faccia ſchizzar fuori acqua, come
dal bolente battuto ferro ſcintillano le fauille.   Theor. III.

F Abricato l'incudine A. ſopra il zocco B. come i Fabri vſano ſopra vn piano ſiano diſpoſti i Fabri C. D. E. F. delli quali ſia accommodato al Fabro
C. in mano vn ferro, e tutti queſti ſiano di rame, ò di bronzo, pur che
ſiano vuoti di dentro baſta. Sia anco accommodata la Fucina, della quale il piano G. ſia l'iſteſſo in altezza, che l'altezza dell'incudine, & in detto piano
ſia il vaſo N. Diſpenghiſi poi ſotto il piano, oue con i piedi ſopra poſano i Fabri
il

il canale H.I. per il quale scorra acqua: Ma sotto i piedi del Fabro, che tiene il fer
ro, c'hà da esser battuto facciasi vn zocco K. per il quale passi il canale H.I. e nel
lato di esso zocco, che è dopo i calcagni del Fabro C. facciasi vn'altro buco picciolo, nel quale ponghisi la canna L.O.M. con vn capo, cioè con L. in esso assaldata, e con l'altro sotto il fondo del vaso N. che come hò detto stia sù 'l piano
della Fucina bucato però esso vaso con la canna in M. facciasi anco, che dal canale H. I. passi vna canetta picciola nel cono vuoto P. nel quale sia il cono sodo
sostenuto da suste, come vsansi in quelle toppe, ò chiauature, che si serrano da
se stesse, noi le chiamiamo chiauature alla Fratesca, e questa canetta bucata deriui, come hò detto dal canale H. I. e bucato il cono vuoto sia in esso assaldata,
come nella figura H. I. P. siano dopo questo accommodati martelli in mano a i
Fabri, facendo, che le braccia di essi si snodino, & anco la vita nella cintura, co-
prendo quel luogo con vn panno, acciò non si vegga, oue si snodano, e come
dell'Hercole dissi nel primo di queste mie quattro Theoremi, sian tutti tre quei
Fabri, che hanno da battere il ferro accommodati in modo, che postaui vna fune per vna gamba, questa tirando battano sù l'incudine, e sotto queste funi perpendicolarmente siano accommodati in frà due legni piantati paralelli in terra
tanti rulli, ò di ferro, ò di bronzo, quanti Fabri seranno, come si dimostra nelle
figure chiaramente T.V.X. e nel rullo posto da per se notato Z. e dentro a questi
sian infissi li ferri, come Z. notati 3.4. che fuori de i rulli auanzino, quanto ci parerà, che le basti. Dopo con il torno sia lauorato il fuso A A.BB. il centro del quale facciasi vuoto, e la superficie esteriore di questo partasi in tre parti, e con linee sian segnate, dopoi al dritto de i ferri ficcati ne i rulli T. V. X. siano in esso
fuso altri tanti ferri, che habbiano la forma ⌐. come in CC. habbiamo dissegna-
to, li quali tanto fuori del fuso auanzino, che nel volgersi il fuso cogliano sù l'vn
capo de' ferri infissi ne' rulli Z. e notati 3.4. ma se coglieranno il ferro 3. al capo 4.
Siano allegate le funi, che per le gambe de i Fabri passando facino loro alzare le
braccia, e battere sù l'incudine. Dopoi accommodata nel fuso la ruota 5.6.7.8.
nella quale siano scompartiti gli spacij, come dimostra la figura, & vi siano posti
li tramezzi, come la seguente figura dimostra ✚ così torti, acciò ritener possino
l'acqua. Facciasi dopo questo, che la Croce, che hà da tenere la ruota affissa al fuso sia vuota, e li buchi di questa entrino nel centro del fuso, che come hò detto, si
farà forato; Restaci, che diciamo, che bisogna, dopo questo accommodar sotto
i piedi del Fabro C. la canna 13. e 14. la quale si accommodi in modo, che sopra
vn stile si volga, come hò detto nel passato Theorema nella V. T. che è la mede-
sima, che è questa, conforme a quella, che hà scritto Herone nel Theor. XV. e
questa canna facciasi soda dal capo di sopra, il quale ficcaremo nel zocco K. facendo prima in essa vn buco, che chiuda, & apra il canale H.I.& in cima di questa sia saldato il Fabro E. Dopoi nel basso sopra le due troclee 17. 18. pongasi la
fune, che sia auolta alla detta canna, e dall'vn capo di essa, cioè da quello, che
penderà dalla troclea 18. appendasi il vaso 20. nel quale sia la inflessa siffone, della quale vna gamba passi sotto il fondo, l'altra sopra stia ad esso fondo, tanto

quan-

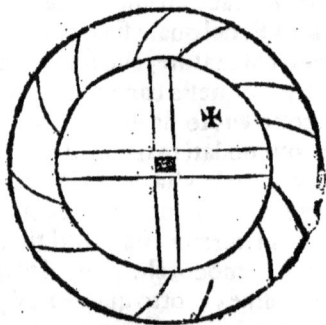

quanto per il fluffo dell'acqua , ci parerà , che bafti, e dalla fune della troclea 27. facciafi pendere il pefo 19.Il quale fia fol tanto graue, che habbia forza di volge- ge la canna . E tirare con feco il vafo 20. fia dopo quefto accommodato fotto il centro del fufo , il catino 21. il quale habbia il canale 22.23 la bocca del quale ftia fopra il vafo 20. che vederemo correndo il canale H.I. che l'acqua di effo farà volgere la ruo- ta 5.6.7.8. perche dalla bocca I. l'acqua ca- dendo ne i concaui della ruota 9. 10.11.12. conuien , che ella fi volga per effet fatta_ dall'acqua graue, e nel volgerfi li ferri C.C. andran percotendo nelli ferri 3. li quali sù i centri de i rulli volgendofi abbaffaranno il capo 4. onde le fune , che fon per le gambe de i Fabri, verrannofi a tirare, e facendo al- zare loro le braccia. Li martelli loro batte- raranno in terzo sù l'incudine , e perche la crociera della ruota ferà vuota:(Benche bi- fogna,che fiano quefti buchi piccioli,acciò poca acqua paffi per effi)calerà l'ac- qua nel centro del fufo, e di quefto fluirà nel vafo 21. e di effo nel vafo 20. per il canale 22.23. quefto quando ferà pieno per la grauità fua calerà a baffo trahen- do con feco il pefo 19. volgendo la canna 13. 14. sù'l perno conficcato in 15. e confeguentemente volgendo il Fabro E. parerà , che effo porti il ferro a bollire nella Fucina, che accommodar a punto lo bifogna, sì, che nel volgerfi effo pon- ga il ferro nel bollore dell'acqua, la quale bollirà veramente; perche nel volgerfi la canna 13.14 fi chiuderà il canale H.I. onde perche la ruota più nò fi volgerà, conuerrà , che li Fabri fi fermino : ma perche il buco della canna verrà volgerfi nel canale L. l'acqua falirà al catino N. per il canale L. O.M. e bollirà ricordan- doci di far in modo , che l'acqua bollente non paffi vn certo termine facendoui buchi per li quali ella fe ne vada. In tanto voteraffi il vafo 20. per il fuo,ò diabe- te,ò fiffone, che tutto è vno,& il pefo 19. tornarà di nuouo ad alzare il vafo 20. & volgendo la canna 13.e 14. il Fabro E. tornerà a porre il ferro sù l'incudine aprendofi il canale C.di nuouo.Il quale tornādo a far volgere la ruota di nuouo lauoraranno i Fabri, li quali battendo sù'l cono P.cioè sù'l fodo,perche il vuoto ftarà, come quafi pieno d'acqua per il canaletto Q. R. ogni percoffa di martello farà fchizzar fuori l'acqua. Effendo,che la fuperficie del fodo non toccherà la fu- perficie del vuoto per foftenerfi ella sù le fufte , come habbiam detto , che è il propofto noftro .

FABRICARE VNA STANZA NELLA QVALE

a tempo, che ci piacerà sempre vi spiri vento, che la rifreschi, e poco,
e molto a veglia nostra. Theorema IV.

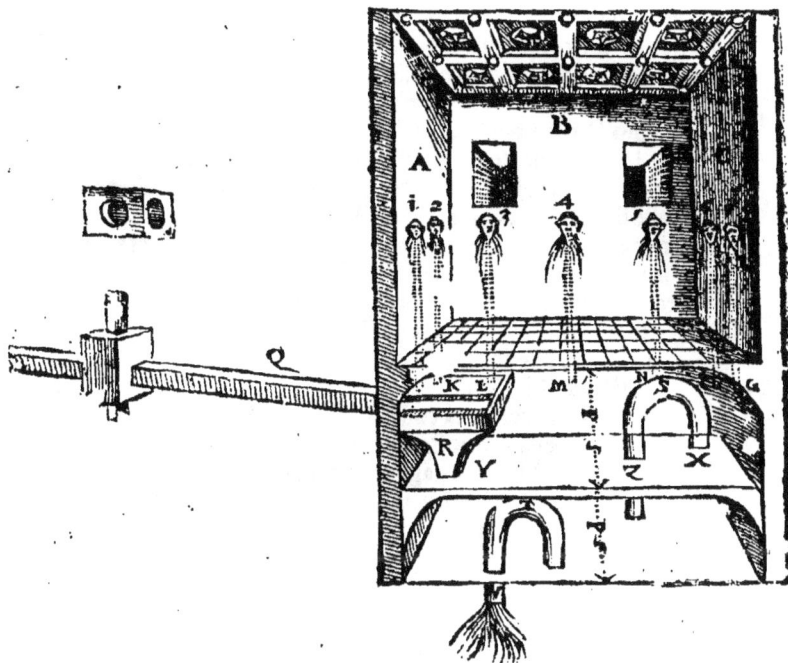

C Auisi sotto il piano della stanza A.B.C.D.E.quanto ci parrà,che basti
secondo la quantità del vento , che vorremo vna stanza tanto larga
quanto essa stanza in altezza almeno di piedi dieci , e sia con calcina
meschiatoui dentro pietra sottilmente pesta altretanta quantità è più
è meno secondo la qualità della calcina benissimo intonecata,& intramezzata:
sia diuisa in due stanze con vna volta, ò tramezzo,come X.Y. ciascuna delle
quali seranno piedi 5. & intonacate,vadasi ogni giorno per spatio di otto giorni
bagnando lo intonaco asciando, e pollendo benissimo con opera di Moratore lo
intonaco,in modo,che dette stanze tenghino è l'aria è l'acqua, che da niun lato
possano vscire,accommodando in esse li due gran siffoni S.T. e 5. che cò la gamba longa entrino nella stanza di sotto stando sopra il lastricato della stanza superiore con la gamba corta,quanto basterà per il flusso dell'acqua,& il simile il siffone

fone T. di cui la gamba V. di fotto il più baſſo ſuolo auanzi, e metta capo in vn_s
canale, che via la porti, e nella ſtanza ſuperiore, ò di pietra viua, ò di rame ſia fat
to lo infondibulo P. di cui la coda R. tanto ſtia ſopra il piano X.Y. quanto baſtare ci parrà per il fluſſo dell'acqua, e dentro di eſſo facciaſi correre il canale Q.
nel quale ſia vna chiaue, che lo apra, e ſerri a noſtro piacere per poter mandarui
quant'acqua ci parrà è poca è aſſai, indi accommodate le bocche de i venti per la
ſtanza in noſtro, quanto ci piacerà. Facciaſi i canali 1.F.2.G.3.N.4.I.5.K.6.L.7.
M. 8. 1. la bocca inferiore delli quali per il ſuolo della ſtanza entrino nella ſtanza prima, e con l'altra nelle bocche de i venti, che correndo il canale Q. nell'infondibulo P. quanto s'alzarà l'acqua, ſopra il piano X.Y. tanta aria per le bocche de i venti fuori ſe ve vſcirà rendendo la ſtanza freſca; perche quelle bocche
ſoffiaranno, come bocche di venti, e perche ſempre ſpirino potraſſi far altri canali alle bocche 1. 2. 3. 4. 5. 6. 7. 8. che per mezo il muro ſcendino nella ſtanza
inferiore con le bocche aperte, che quando l'acqua ſopra il piano X.Y. ſarà tanto alzata, che vada tutta la ſiffone S. ſotto per eſſa vuotaraſſi la prima ſtanza, &
entrando nella ſtanza inferiore, quanto ſopra il ſuolo di eſſa l'acqua, s'alzerà
tanto aria fuori ſe n'vſcirà per le bocche 1.2.3.4.5.6.7.8. & eſſa ſtanza per
2. ripiena l'acqua per la ſiffone T. vſcendo ſe n'andrà per V. Et auer-
tiſcaſi di far la ſiffone S. tanto grande, che poſſa vincere nel vol-
tar la ſtanza la coda R. del vaſo P. & hauraſſi di continuo
nella propoſta ſtanza freſchiſſimo vento d'ogn'hora
è lento è gagliardo, come ci piacerà. Aprendoſi
più è meno il canale Q. con la chiaue
volgendola con vna ſtanga quanto
ci piacerà, che è il propoſto.

MODO DI FAR SALIRE
VN CANALE D'ACQVA
viua, ò morta in cima d'ogni
alta Torre.

GIA' VSATO IN MOLTI LVOGHI,
pur che l'acque dalla loro superficie habbiano al-
quanto di caduta.

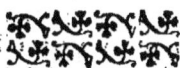

PErche il far fontane naturali ne i Paesi bassi in piano non
è concesso dalla natura del sito, però essendo di mestieri
farle con l'arte, sì ne' vostri Paesi come anco in ogni altro
luogo simile, perciò; perche non habbian da restare i curiosi di scapricciarsi per disagio di flusso d'acque in mettere in prattica ciò, che da Herone eccellentissimo Ma-
tematico, e ne' quattro modi da me dimostrati, è stato
scritto, hò voluto aggregare a questo (per mio giudicio)
bellissimo libro il presente modo di alzare vn Canale d'acqua viua in ogni grande altezza, acciò quello, che in piano non concede la natura s'habbia dall'arte
con modo facilissimo, e con spesa legierissima a chi haurà vicino, ò fiumi, ò canali, ò qual si voglia acqua corrente, il modo di farlo si comprende quasi senza
scrittura dal dissegno:ma pure non parmi sconueneuole scriuerne il modo di fabricare questo bellissimo edificio, riseruandomi molti altri modi d'alzar acque,
quando Dio piacerà darmi tant'ótio, che io possa finire le belle regole generali
d'Architettura già gran tempo fà da me cominciate. Facciasi dunque vna ruota,
il diametro della quale sia almeno cinque piedi, ò sei. Più leggiera, che è possibile
di bonissimo legno di rouere, acciò duri nell'acqua, e la sua grossezza facciasi almeno vn piede, e mezo, e dall'abside, ò estrema linea del suo maggior diametro
verso il centro facciausi in grossezza vn fondo di vn piede, dopoi partasi sù la
linea della circonferenza della ruota quindeci spatij al manco, e li tramezi siano
torti, come vna meza L, e come chiaro lo dimostra la figura A.B.li scomparti-
menti della quale sono C.D.E.F. parte, e sia poi con bonissime crociere di buoni
legni di rouere(legno, che dura assai nell'acqua)fattoui i suoi diametri ben com-
messi

mefsi nel centro ; e nella ruota: ouero facciafi la ruota con le fcitale,come la G·
H.Alcune delle fcitale fiano I.K.L.M. che in vltimo fono tutt'vno ne altra differenza vi,è fe non che alla ruota A. B. l'acqua fi fà correre di fopra di effa sù
l'abfide fuperiore, e la G.H.fi fà volgere correndo l'acqua per di fotto;ma fi può

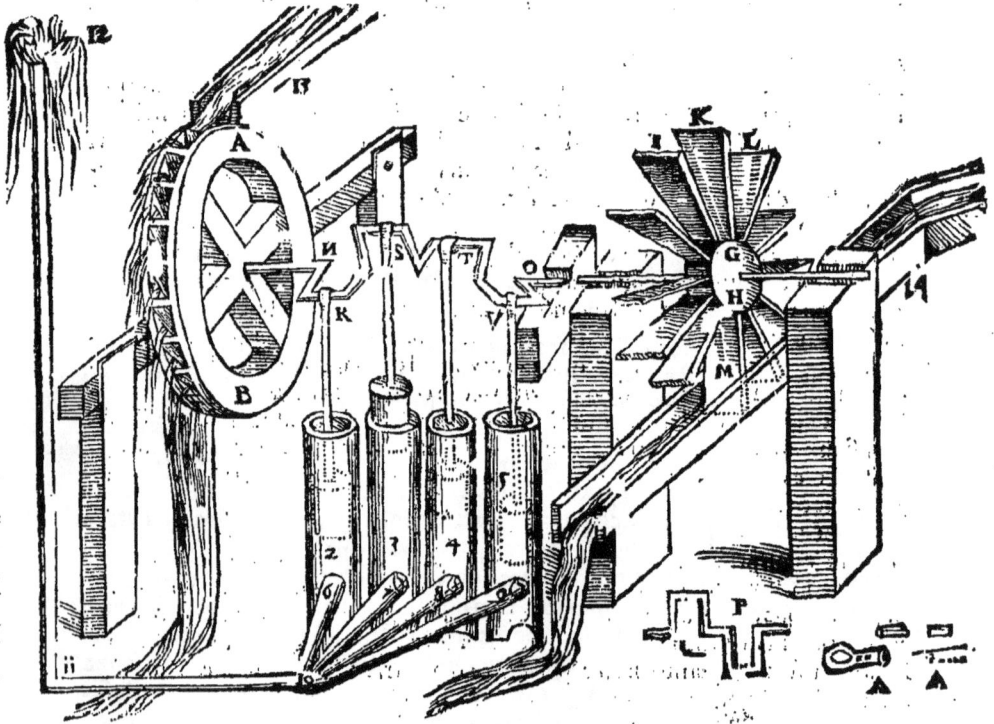

fat correre anco, come l'altra; ma quella fi fà volgere correndo l'acqua di là dal
centro,e quefta con il corfo dell'acqua altretanto di quà dal centro, la differenza,che pur vi è, è quefta chela ruota cò le fcitale fi può volgere cò minor caduta d'acqua ; perche fe effe fcitale fi faranno larghe affai volgeraffi la ruota con
pochiffima caduta, e con poca quantità d'acqua, come veggiamo tutto il dì ne
i noftri Molini del Pò in effempio . Quefta fatta, che ferà facciafi, che il centro
fia d'vn ferro tante volte, e tanto piegato, come fi vede, e quanto ci parerà fecondo la quantità dell'acqua, che ci piacerà far inalzare, ò fecondo la forza del
corfo dell'acqua,che volgerà la ruota, lo effempio di quefto fi vede in N. O. ma
me-

meglio in P.Q.Questo posto nel centro seruirà per perni da volgeruisi suso la ruota sù due legni, ò sassi, ò muri, come tornarà bene, purché sotto essi perni vi si pongano li suoi (come diciamo noi) tampagni di bròzo, il qual molto meno vien roso dal ferro, e molto manco rode il ferro, che non fà ferro con ferro, che come in vn subito si rode, & in mezo le piegature come in R. S.T.V.X. vi si pongano anelli di bronzo, acciò non mangino il ferro dentro dal capo delli quali si ficchino ferri con buchi, che si rincontrino, oue vada per ogni anello più d'vn cuneo di ferro per vnirli insieme come mostra lo essempio A. A. e questi ferri si farà, che siano almeno tãto longhi quanto il mezzo diametro della ruota, e sotto questi a perpendicolo si ponghino li modioli di bronzo con gli assarij nel fondo, come nella Machina Chtesibica dicono Vitruuio, Vegetio, & il Valturia, che sono le cartelle nelle trombe vsate a cauar l'acque delle Naui, e d'ogni luogo basso, e da vn lato di questi siaui forato vn'altro buco, e postoui altre cartelle a li modioli affisse; ma che si snodino, acconcie in modo che a tirar fiato per le bocche 2.3.4.5. si chiudano i buchi, e s'aprano quelle di fondo, e nel soffiarui dẽtro s'aprano queste, e si chiudano quelle, i luoghi di queste sono 6.7.8.9.& ad essi modioli sia assaldato per cadauno vna canna tanto larga di bocca, che in esse possan giocare detti assarij, ò cartelle; ma siano più strette alquanto dall'altro capo, e questi si vadano ad vnire insieme in vna sol canna, come si vede nella figura al numero 10. la quale facendo vn'angolo come in 11. si alzarà perpendicolarmente, quanto ci piacerà come in 12. dopoi alli ferri, che asticiuole si chiamano; siano attaccati cilindri sodi di cuoio, li quali si snodino nella giuntura di esse hasticiuole essendo, che conuiene per mezzo di essi porui vn ferro non molto grosso per tener le rotele di cuoio insieme aggiunte, questi sian posti ne i modioli, che tanto esattamente per essi s'alzino, & abbassino, che tirar possano l'aria per li assarij, e scacciarlo. Che facendo sopra la ruota cader l'acqua del canale 13 .ouer 14. si volgerà la ruota, e li cilindri andando sù, e giù tiraranno nel venir in suso l'acqua, e nel calar a basso la scacciaranno per le canne 6. 7. 8. 9. nella canna 10. e 11. e tanto serà violentata dalla forza della volgente ruota, che serà spinta per forza, quanto in sù ci piacerà di mandarla. Ricordandoci come ella arriua al destinato luogo di far iui vn vaso recipiente dal quale deriui vn'altra canna, che in giù la porti, che per la gran caduta sua farà tutto ciò, che ci piacerà, e se in esso vaso vi andrà acqua di vantaggio potrassi con vn'altra canna terminata far che se ne vada da se stessa, circondandoci, che tutti li modioli voglio no stare nell'acqua, e forse che non serà se non bene il far il luogo della ruota separato da quello de i modioli; Imperoche ogn'acqua, benche lutosa, e torbida e bonissima da far volgere la ruota. Ma per schizzarla con li cilindri ne' modioli conuien, che sia purgata, acciò si chiudano li esiti delle canne con il loto, se l'acqua dentro vi si fermasse; A che vi si suol prouedere con foradori, e perche sopra i cilindri l'acqua non s'alzi: Ma stia sempre ad vn segno, conuerrà farle anco li suoi esiti, acciò non possa passare il luogo determinato. Del resto si può dall'istesso dissegno capire l'artifitio facilissimamente parendomi, che altro per

hora

hora intorno acciò dire non mi occorra;se non moſtrare,come queſto iſteſſo effetto,che habbiamo detto farſi dall'acqua corrente ſi puol far con vn'huomo facilmente, e cō vn cauallo,ne m'affaticarò in deſcriuere intorno acciò altro parédomi, che i diſegni di queſti due modi baſtino per ſe ſteſſi a farſi intendere, che della cagione della celerità de' moti circulari diremo,all'hora, che a Dio piacerà,che poſsiam dimoſtrare,come ſi tirano,e ſpingano i peſi.

SOggiungerò ſolo che queſto modo d'alzare,& abbaſſare li cilindri di cuoio nelli modioli di bronzo con la forza d' vn' huomo ſolo anzi d' vn fanciullo debole riuſcita tante volte è (per le ragioni de' moti circolari dimoſtrati da Ariſtotile nelle Mecanice) velociſſimo, eſſendo, che la forza mouen-

mouentè in A, per eſſer lontano dal centro, che è l'aſſe del ſtilo B, lo cagiona, &
eſſendo la ſeconda forza in C, meno diſtante dal cétro B, viene facilmente moſſa
dalla forza A, ma la terza forza che è D, conuiene, che ſia di ſemidiametro maggiore della C, e minore della A, che la Croce di legno poſta nel fuſo E, con la
grauità appeſe ad eſſa F, G, H, I. Quando han preſo il moto la fanno diuenire
violente, e la forza mouente molto minore.   Poſto dunque il timpano, ò ruotella
dentata K, nel fuſo E, e facendo, che i denti vadino frà le brazzuole della rochella
L, infiſſa nel ferro piegato, che è il centro, oue ſono attaccate le haſticiuole, che
ſono allegate alli aſſi de' cilindri di cuoio, li quali per li modioli accommodati
co' ſuoi aſſarij com'hò detto di ſopra, cagionaranno il fluſſo dell'acqua in qual ſi
voglia altezza velociſſimo.

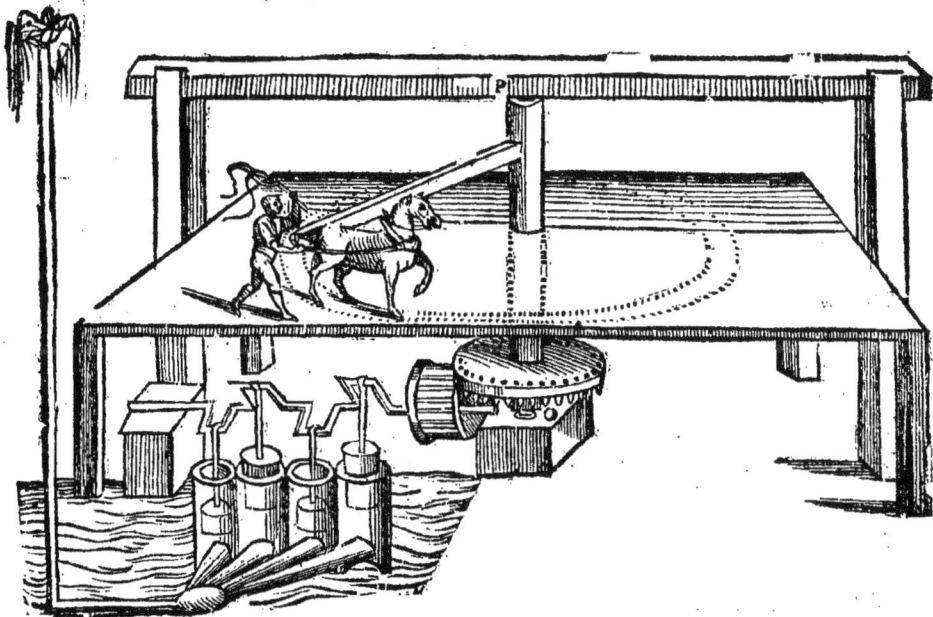

L O iſteſſo moto con l'iſteſſa velocità s'haurà, ſe nel fuſo (in cui ſia infiſſa
la ruota dentata, che vada con i denti frà le brazzuole della rochella L,
che volge il centro da cui pendono le baſticiuole de' cilindri, che vanno
sù, e giù per i modioli) ſerà infiſſa la ſtanga longa, tanto, che attaccan-
doui vn cauallo eſſo poſſa comodamente girare intorno al fuſo fermato in terra.
                                                                              sù.

sù vn legno come in O. e di sopra giri per vn' altro buco perpendicolare ad O.
notato P. facendo, che sotto esso legno s'aggiri il fuso esattamente, acciò nel volgersi non s'alzino i denti della ruota di sù il rochello, auertendo che bisogna porre nel legno da basso sotto il perno del fuso vn zocchetto di bronzo, nel
qual sia il buco, doue s' hà da girare il centro di esso fuso, il
quale buco prouèggasi, che stia sempre pieno d' oglio
acciò il ferro, & il bronzo scaldandosi non si
venghino a intenerire, perche si rode-
rebbono prestissimo, e tanto
sia per hora detto in-
torno ad alzar
l' ac-
qua per via di schizzo con acqua corrente, con vn'
huomo solo, e con
vn cauallo.

IL FINE

delli Theoremi aggiunti.